哪有走不通的路，只有想不通的人

杨景云　编著

中国纺织出版社有限公司

内 容 提 要

我们的每一个行动、每一次选择，都是由思维所决定的。如果说人生是一场长途旅行，那么，思维就是你所有行程的导航仪。

本书选取富有时代精神的“思维制胜”案例，结合每个人都经常遇到的思维瓶颈，以通俗简明的语言层层解析，帮你找到思维的落点，走出思维的误区，解开思维的死结。思想通透了，前方的路自然也就畅通无阻。

图书在版编目（CIP）数据

哪有走不通的路，只有想不通的人 / 杨景云编著. --北京：中国纺织出版社有限公司，2019.11（2024.4重印）

ISBN 978-7-5180-6308-6

Ⅰ.①哪… Ⅱ.①杨… Ⅲ.①思维方法—通俗读物 Ⅳ.①B804-49

中国版本图书馆CIP数据核字（2019）第116658号

责任编辑：郝珊珊　特约编辑：李　杨　责任印制：储志伟

中国纺织出版社有限公司出版发行

地址：北京市朝阳区百子湾东里A407号楼　邮政编码：100124

销售电话：010—67004422　传真：010—87155801

http://www.c-textilep.com

中国纺织出版社天猫旗舰店

官方微博http://weibo.com/2119887771

北京兰星球彩色印刷有限公司印刷　各地新华书店经销

2019年11月第1版　2024年4月第2次印刷

开本：880×1230　1/32　印张：6.5

字数：163千字　定价：59.80元

前言

有智者言：成功说到底是看你如何想、如何来设计人生道路，也就是说是一个做人的思路问题。一个养成思考习惯的人，往往不会因循守旧，不会迷信经验，不会盲从别人。他们遇到问题时，不会随波逐流、得过且过，而是多问一些“是什么”“为什么”“怎么样”，在探究和思考中寻求新的思路。我们可以这样说，任何一个有意义的构想和计划都需要思维护航，思想的深度决定你所能达到的高度。

在一些顶级的行业峰会上，我们时常看到各路大咖的身影，阿里巴巴马云、腾讯马化腾、快手宿华、美团王慧文、小米雷军，我们熟知这些名字，不仅仅是因为他们处于自己领域的制高点，更因为他们的企业与我们的生活息息相关，他们的成功，就是你和我，我们这些普通用户撑起来的。这些大咖显性的标签，是高学历高水准，他们隐性的共同点，是他们的思辨精神。成就强者的因素有很多，学历、背景、资金、技术、性格、口才、机遇等，但在众多成功因素中起决定性作用的是思路，也就是说你的思考方式是怎样的，你的思维能力如何。

当他们的业绩摆在世人面前时，你会恍然大悟：哦，事业可以是这么做，钱是可以这么赚的。但是作为开拓者，他们当年面对的是一片有无限可能却看不清前路的荒原，只有思维引路，才能把那些星星点点的火花聚集起来，然后落地成为其事业的基础。

小米的创始人雷军说过："创业要大成，一定要找到能让猪飞上天的台风口。勤奋、努力加坚持等，这些只是成功的必要条件，最关键的是在对的时候做对的事情。"看大势，找落点，从无到有开创事业，每一步都离不开思维的力量。

任何一种事业的发展过程，并非永远的顺境，这时候思维的转折要从开拓性变为适应性，因为你面临的有发展的问题，还有自我调节的问题。归根结底一句话，就是遇事能不能想通的问题。

思想通，则前路通。我们做事情需要恒心和毅力，但其中有一个常常被忽略的重点，是正确的方法比执着的态度更重要。我们应该调整思维，尽可能用简便的方式达成目标。

个人的才能除了取决于知识、技能外，往往还有赖于他的逻辑思维和非逻辑思维能力。实际上，在人们处理问题的过程中，思维能力的重要性绝不亚于知识和记忆力！唯有那些眼光敏锐、思维活跃、具有独立性和创新精神的人，才有可能获得真正的成功。

开拓思路，还可以帮助我们解决人生中所遭遇的瓶颈问题。我们常常会说“这个人做事积极有开拓性”“这个人太悲观太畏缩”，内心够不够强大，归根结底还是对于自己的掌控力有没有自信的问题。如果一个人有思考的好习惯，可以防止被习惯和教条禁锢思维，那么就可以在顺境中多多思考，保持清醒的头脑稳步前进；在逆境中多多探索，在不断尝试中找到正确的道路。对于一切生活和事业上的难题胸有成竹，内心自然是强大的。

本书深入分析前人的成功经验和我们最容易遭遇的现实问题，以清晰缜密的逻辑，简洁明快的语言，带你进入“思考制胜”的世界。思维的力量，可以帮助我们穿越一切波折考验，点亮一切灰暗时光。

编者著

2019年5月

目录

相信思维的力量，方法总比问题多

我们每个人的人生高度应该如何测算？无论现在你处于什么样的境况，面临什么样的难题，只要你随时在为未来思考，并积极寻找出路，就没有什么达不成的目标。每一扇门必有其开锁的钥匙，我们要做的是在思维的引领下，尽快找到那把钥匙。

思维是一切行动的基础

思维决定一个人行进的方式。不同的人有不同的思维方式，想法不一样，他们脚下的路自然就不一样。善于强化自己的思维，以发散性思维去考虑问题，就会取得非同一般的成效。这就是说，思维引路，就能够化解我们所遇到的现实问题。

人的思维能力的强弱由观察力、想象力、判断力等几个重要方面所决定。观察力是我们思维能力的源头。观察，不是一般的观看，而是有目的、有计划、有步骤、有选择地去观看和考察所要了解的事物。通过深入观察，可以从平常的现象中发现不平常的东西，可以从表面上貌似无关的东西中发现相似点。在观察的同时必须进行分析，只有在观察的基础上进行分析，才能引发思考，形成创造性的认识。

大侦探福尔摩斯的搭档华生拿出一只表，请福尔摩斯说出它旧主人的习惯和性格。对于我们普通人，仅仅从一只表上能得到多少信息呢？但是福尔摩斯拥有非凡的观察力和思考能力，他先从表上的姓氏符号推断出表是华生家族的长子也就是他的哥哥的，然后又断续推测道：

“你哥哥是一个放荡不羁的人，常常生活潦倒，但偶然也时来运转，境况很好，最后他是因为好酒而死的。这都是我从表上看出来的。”华生问他其中的缘由，福尔摩斯说道：“请看这只表，我说你哥哥的行为不检点，不仅因为它上面边缘有两处凹痕，而且整个表的上面还有无数的伤痕，这是由于表的主人习惯于把表和钱币、钥匙一类的硬东西放在一个口袋里。对一只价值50多英镑的表这样漫不经心，说他生活不检点，总不算过分吧。

“另外，伦敦当铺的惯例是：每当进一只表，必定要用针尖把当票的号码刻在表的里面。我用放大镜细看里面，发现这类号码至少有4个。于是我得出结论：你哥哥常常窘困，所以屡次去当表。但是，他的境况有时也还不错，否则他就没有能力去赎当了。

“最后，请你注意这有钥匙孔的里盖，围绕钥匙孔有上千个伤痕，这是被钥匙摩擦而造成的。清醒的人插钥匙，不是一插就进去了吗？而醉汉的表却没有不留下这种痕迹的，因为他晚上上弦，醉后因为眼睛发花手发抖，所以留下了这么多的痕迹。”华生听后，不禁对他十分佩服。

这是经典的推理小说《福尔摩斯探案集》中的一段小故事。平平常常一只表，大侦探福尔摩斯却从中得到这么多有价值的信息，这是善于用扩散性思维进行因果联系、层层递进分析的必然结果。很多问题的实质都是隐藏在肤浅的表象后面的。因此在观察的同时必须进行逻辑推理，只有这样，才能引发思考，形成创造性的认识。

在观察和推断的基础上，如果能将想象力融入其中，则可以促进思维的升华，达到出奇制胜的效果。

所谓想象，就是由保存在记忆中的表象出发，对这些表象进行加工、改造，使其产生新思想、新方案、新办法，从而创造出新形象的思维过程。想象是创造者对头脑中储存的事物的特征和信息的一种形象性描写或艺术夸张，常伴随着生动的图像，所以是形象思维的结果。想象力能提高创新的层次，因为它不受已有事实的局限，也不受逻辑思维的束缚，所以想象力能为你拓宽创新的视野。

从前，埃及人想知道金字塔的高度，但由于金字塔又高又陡，人工测量十分困难。为此，他们特意向一位智者请教。智者通过实地观测，确定了一个巧妙的方案。他让助手垂直立下一根标杆，不断地测量标杆影子的长度。开始时，影子很长很长，随着太阳渐渐升高，影子的长度逐渐缩短。当标杆的长度与影子的长度相等时，智者急忙让助手测出金字塔影子的长度，然后告诉在场的人：这就是金字塔的高度。

实践经验告诉我们，一切创新活动都离不开想象的先导作用，想象是人类思维得以充分展开的自由翅膀。“缺乏想象力的学者，只能是一个好的流动图书馆和一本活的参考书，他只会掌握知识，但不会创新。”没有想象力，一般思维就难以升华为创新思维，也就不可能做出创新。

爱默生说过：“思维是行动的先导。”思维指导行动，倘若思维受到禁锢，行动必然有所局限；如果思维路线发生偏差，行动必定会被导入错误的方向。思维是一切行动的基础，在思维的引领下，我们可以到达想去的任何地方。

相对执着的态度，你更需要正确的方法

每一个人都要努力做到：用脑去想，用心去做。学会思考，学会发现问题、解决问题，学会认认真真地做好每一件事。聪明

地做事，好机会就会来到你的身边。大部分人都顺从于他们的欲望，无所作为地工作，以至于没有时间来思考少花时间和精力的方法。缺乏思考能力和做事方法的人，他们往往事倍功半，费力不讨好。

有一个悬驼就石的故事，可以给我们一些启示。

古时候有个人得到一匹死骆驼，回到家里，他开始给骆驼剥皮。剥了一会儿，他发现刀子不快了。楼上有块磨刀石，于是他一会儿上楼磨刀，一会儿下楼剥皮，上上下下，累得气喘吁吁。

几次三番之后，这个人觉得有哪里不对，他拍了下脑袋恍然大悟：骆驼离磨刀石太远了。于是他想了一个办法，费尽力气把骆驼弄到二楼，悬挂在窗口开始剥皮。这下他磨刀就方便多了，不必再跑上跑下。

在众多的方法中，剥骆驼的人所使用的方法是最笨、效率最低的一种。这就像走路，明明有很多近路，可他偏偏不走，就是一心一意地绕圈子，累得半死不说，还达不到目的。我们在刻苦的同时，必须选择最近的最佳的方法，这样才能事半功倍。通过走近路而节省时间去干其他的事，会使我们有更大的收益。

如果在你的学习生活中，往往是付出很多，却很少得到对等的回报，这时候，我们就应该考虑一下自己做事的方式。这就好比一群人上山打柴，他们有人扫地下的枯枝碎叶，有人用铁锨挖树，而有人用锋利的斧头砍树枝，在这三种做法中，当然是砍柴的人的方法实用有效。扫树叶和挖大树的人，虽已累得汗流满面，却很难看到具体的成效。事实上，方法的重要性，在各行各业都有直接的体现。

19世纪，中国瓷器大量出口欧洲。中国瓷器一向以造型优美、制作精细著称。那么，这些怕磕怕碰的易碎品，是怎么经过重重风浪，漂洋过海安然到达目的地的呢？

在一般的思路里，肯定是将它们层层保护起来，但是这样无疑增加了运输成本，算不上最佳方法。人的智慧是无穷的，当年中国商人是这样将瓷器运送出口的。他们先在精雕细刻的樟木箱里填满茶叶，将瓷器打包埋在茶叶里。然后把樟木箱装进固定在船舱地板上的大木箱里，四周用次等的茶叶塞满。由于内外两层茶叶填充得非常紧密，木箱做得又结实，即使在海上遇到风浪，货物也可以毫无损伤。

货船靠岸，商人们把茶叶筛选分包，卖给茶商。小樟木箱被当成首饰盒卖到各地的古玩店，大些的便卖给欧洲人当家具，最后卖的才是瓷器。里里外外都没有浪费的东西，利润当然非常可观。

这就是古人的统筹学，是低损耗、高收益的典范。对于现代人来说，防压防震的方法可能有很多，但这些都归功于科技的发展，而不是单纯的方法。在现有的条件下可以实现最大价值的方法，才可以称为好方法。

人活于世，仅仅知道做什么是不够的，因为人的命运取决于做事的结果，而结果取决于做事的方法。做事持之以恒，有毅力，肯努力，这些都是优秀的品质。然而，方法比瞎忙更重要。抓不住事情的关键所在，只知道埋头干事的人，最后只能白费气力，解决不了任何问题。这就像有人曾经问一位高尔夫球高手："我是不是要多做练习？"高尔夫球高手却回答道："不，如果你不先把挥杆要领掌握好，再多的练习也没用。"

无数人的实践经验证明了这一点：单纯地努力工作并不能如预期的那样给自己带来快乐，一味地勤劳并不能为自己带来想象中的生活。懂得思考，掌握方法，这是做事最关键的一点。身处于激烈竞争的社会，同样一项工作任务，有的人可以十分轻松地完成，而有的人还没有开始就时不时出现这样或那样的问题。其中的关键，就在于前者用大脑在工作，想方法去解决问题。只有在工作中主动想办法解决困难、问题的人，才能成为单位中最受欢迎的人。

在生活中，我们不可能总是一帆风顺，当遇到难题的时候，绝对不应该一味下蛮力去干，要多动脑筋，看看自己努力的方向、做事的方法是不是正确。

善用逆向思维，灵感就在身边

人们经常会提到逆向思维，明白逆向探索的重要意义。但是在现实生活中，大家还是习惯于常规思维。因此，很多实际可以解决的问题，就被人们看成无法做到、难以解决的问题。

生活中这样的事例有很多，明明很简单的事情，总是被人为地复杂化了。有时候只需转换一下思维，问题就豁然开朗。

几位以高智商著称的博士在一家餐厅吃饭，发现餐桌上调味瓷罐的标识有误，盖子上标志为“盐”的罐子里装的是胡椒粉，而标志为“胡椒粉”的罐子里装的却是盐。

于是一个新课题出现了：怎样借助餐馆现有的工具，在没有抛洒的情况下，将两瓶调料对调过来？

博士们开动了聪明的大脑，提出了一个又一个方案。大家都认可的最佳方案是将两罐调料倒入空碟子里，然后将餐巾纸卷成漏斗状，让调料各就各位回到罐子里。如此完美的方案让大家都兴奋起来，博士们挽起袖子，准备亲自动手。

他们这边的热闹吸引了一个年轻的服务员，服务员走了过来，问明情况之后，什么也没说，只是拿起盐罐和胡椒粉罐的盖子互换了一下。

从实际出发，在实践中思考，在思考中实践，思考得越深，就会实践得越好。实践是一种磨砺，思考同样是一种磨砺，而且是一种更深层次的磨砺。

换一种思维，就会从另外一个方面判断问题，从而把不利变为有利。换一种思维方式，把问题倒过来看，不但能使你在做事情时找到峰回路转的契机，还能帮你找回应对一切波折险阻的从容心态。

只要思路理顺了，这个世界上就不存在困难，只存在暂时还没想到的方法，然而方法终究是会想出来的。当你面临一个难以解决的问题时，应该这样想："是不是还有另外一条事半功倍的道路可以试一试呢？那样或许会获得成功。"事情怎么做，本来没有一定之规，能够因势利导，以小的付出换得大的回报，就是此中高手。

有些事，看起来千头万绪，无从入手。而事实上，在每件事情中起决定性作用的还是思路，思路通，则事通。

一般情况下，“直接式”处理问题，能快捷、迅速、及时地把问题搞定，是处理一般性问题的很好方式。对于那些非常困难的问题，转换一下思路，另辟蹊径，也是一种巧妙的策略。其实它是转化矛盾，使之逐渐趋于和平，直至最后彻底解决矛盾的一种特殊方法。

不论任何事情，想透了也就行得通

从小就有人教育我们遇事多问几个“为什么”，可是我们成年后却往往忘了这一点。出了问题时，头痛医头脚痛医脚，结果一波不平，一波又起，永远在忙碌着，却永远看不出成果在哪里。此时不如静下心来思考一下，看看问题的根源究竟在什么地方。

找到事物发生的本质原因，也就抓住了解决问题的关键，问题就迎刃而解了。

我们在平时做事情的时候，不同的态度决定不同的方法，不同的方法决定不同的结果。有些人不论做什么，都只是按部就班地进行，为什么这样做、自己的行为有没有需要改进的地方、换一种方法能不能提升效率，这一切都不在他的考虑范围之内。其实世上的事，从某一项发明创造到我们每一个人的人生规划，都需要我们从根源上理顺关系，找到提升改进的关键点。

在每个人的生命中，总会有重大机会的降临，但你能否将机会抓住，全看你的头脑里是否有充足的储备，你的思维是否能够快速跟进。仅仅有能力应付眼前的事务是不够的，我们完全可以想得更深、做得更好。

小于仅仅拥有高职的学历，可以说在现代社会缺乏必要的竞争力，但是这样的低起点并没有影响他的快速成长。

他的第一份工作，是在一家咖啡馆当服务员。这家咖啡馆开在写字楼林立的商业区，是在附近工作的白领们的休闲宝地。听顾客点评时事，分享各种消息，小于的见识也大不一样。在平时的工作中，小于手脚勤快，脑子也不闲着。老板为什么把咖啡馆开在这里？它吸引的都是什么层次的顾客？他们为什么喜欢来这里？店里哪种单品最受人欢迎，它的优势在哪里？小于在努力做好每一件事的同时，又给自己额外增加了两门功课：第一，时刻揣摩顾客的籍贯、年龄、职业、财富、性格等，然后找机会验证；第二，揣摩顾客的消费心理，既真诚待人又投其所好，让顾客在高兴之余掏腰包。对于每一个常客，小于都做到了心中有数，什么时刻该给哪位顾客上什么、提供什么样的服务，他都一清二楚。

就这样，小于在服务员这个没有太多技术含量的岗位上收获颇丰，不仅让顾客满意，也为老板增加了盈利。而他自己学到了许多做生意的诀窍，又自觉养成观察人心理和见机行事的习惯，日后不论是打工还是创业，这都将是他最宝贵的财富。

生活的基本原则都是包含在我们大多数人永远不会注意的最普通的日常生活经验中，同样地，真正的成功经验也经常藏匿在看来并不重要的生活琐事中。有很多白手起家的创业者，不管他们的学历如何，他们的学识都是非常高的，其原因就全在于平日的认真学习、观察和思考，然后一点点地沉淀。

新东方的创始人俞敏洪说过，世上有三种人，第一种人和第二种人只是被动地适应社会的准则，随波逐流，得过且过。只有第三种人，他们不但能够游刃有余地适应社会准则，而且能够在完全了解、理解社会准则后，根据自己的想法改变一部分社会准则，从而实现自身价值。他们不用为所谓的“物质财富和精神财富”而苦恼，因为他们为世人创造物质财富和精神财富！这三种人的区别，首先是思维的区别。我们在学习和工作中，努力是好事情，但是光努力是不够的，还要多动脑、多思考，这样才能真正做出成绩。要善于观察、学习和总结，仅仅靠一味苦干，只埋头拉车而不抬头看路，结果常常是原地踏步，明天将仍旧重复昨天和今天的故事。人的命运取决于做事的结果，而结果取决于做事的方法。不掌握正确的做事方法，往往也是无用功。在人生的竞技场上，最重要的，是要具备敏锐的头脑、灵活的思路和准确的判断能力。

走出患得患失的泥潭，向前一步是通途

人生有三大憾事：遇良师不学、遇良友不交、遇良机不握。很多人思考能力强，但却在前思后想中浪费了时间，失去了难得的机遇。而任何一个强者，他们都有非凡的胆识和拓荒的勇气，他们能适应一切变化，在变化中决断，让变化帮助自己成功。

“三思”之后，就要做决断

有个成语叫“三思而后行”，它提示我们做事要谨慎，考虑成熟了再去做。做事情当然要想清楚，但是思考和决断都是成事的必要条件，有决断无思考是莽撞，有思考无决断是犹疑。“三思而后行”的出处是《论语·公治长》，原文是这样的：“季文子三思而后行。子闻之，曰：‘再，斯可矣。’”这是说季文子每做一件事都要考虑多次。孔子听到了，说：“考虑两次，也就可以了。”

凡事三思，一般总是利多弊少，为什么孔子听说以后，并不同意季文子的这种做法呢？因为一个人如果做事过于谨慎，顾虑太多，就会发生各种弊病。有些人天性柔弱，遇事犹豫不定，这一点尤其应当注意。我们迎接一件事情的时候，是否有足够的决心，可以使事情的结果完全两样。

当我们遇到问题的时候，时常并不是对问题的本身不能理解，而是我们往往被枝节的问题所困扰，我们太容易被周围人的闲言碎语所动摇，太容易瞻前顾后、患得患失，以至于给外来的力量一种可以左右我们的机会，谁都可以在我们摇晃不定的天平上放下一个筹码，随时都有人可以使我们变卦，结果别人都是对的，自己却没有了主意。

在日常生活中，遇事三思、再思或只思不动者大有人在，由于胆怯、畏惧，结果给自己的工作和生活带来了很大的影响。他们总是担心这个担心那个，所以经常会表现出犹豫不决的态度。由于顾虑的东西实在太多，行动起来就会瞻前顾后、畏首畏尾，最后往往会以失败而告终。这时候，他们又会淹没在自责、悔恨的负面情绪里。

面对相对重大的事件产生忧虑，是因为我们还没有明确定位自己。在复杂的问题上产生忧虑，是因为我们还不知道该如何入手解决。这就像害怕自己患上什么病，却不敢去看医生一样。从心理学的角度上讲，一些人对自己做事的能力不自信是导致犹豫不定的一个重要原因，例如那些曾经遭遇过重大挫败，对自己不够自信的人，容易产生逃避心理，不断地推迟完成任务。事实上，对于每一个人来说，命运都是公平的，每个人都有自己的价值，这是容不得怀疑的，我们所需要的做就是欣赏自己，认清自己的价值。逃避和犹豫，带给我们的只是失落、沮丧、烦恼、生气，更为关键的是，这会让我们变得不自信，开始怀疑自己的能力，甚至变得自暴自弃。

如果一个人一直这样反复无常、犹豫不决，挫败感就会积累到极限，最终精神崩溃。要改变这一切，我们可以从改变思维方式开始。

1.抓大放小掌握重点

犹豫一般并非智力上的问题，所以对于大多数尝试改变自己犹豫性格的人而言，都可以不用担心。因此，遇事犹豫不决的人的问题在于：顾虑太多，习惯将微不足道的因素当成重要事情来考虑。面对这样的情形，应该优先考虑重点问题。

2.不要含糊不明

有很多人对于别人的询问，习惯性地回答“随便”。这种做法表面上很随和，实际上会让对方为难。对于一些生活上的现实问题，例如到哪里去玩、吃什么东西、看什么电影等，你不应该说“随便”这种很不负责任的话，而要清晰明确地表达自己的意见。不要花了10分钟的时间还没有做出决定，闭上眼睛马上决定，即便做出的选择不是最佳的，也总比你浪费时间犹豫不决更强。

3.善于做决定

小失误永远比拖泥带水好，在大多数情况下，犹豫不决没有任何好处，尽早做决定的人总比优柔寡断的人理解得更透彻。在平时生活中，我们可以利用一些琐事培养自己快速做决定的习惯，做完决定，马上行动，不要像以前那样没完没了地思考。只要第一件事情你积极面对了，当第二件事情出现时，你就可以下意识地选择积极的处理方法。

总而言之，把培养决断力当作一种游戏，反复练习，假如你一直坚持，就会发现收获良多，然后继续自信满满地这样做下去。最后，你会摆脱心灵上拖沓、犹豫不决的缺点，获得积极生活的态度。

给自己一片没有退路的悬崖

做事情最忌瞻前顾后，只有不留退路，才更容易找到出路。反之，如果你总是想着退路，就很难获得成功。一个人若是太纵容自己的懒惰和欲望，就很容易迷失方向。或许，有人会说，不留退路是不明智的选择，有了退路，才能在危险的浪潮中获得更多生存的机会。然而，人们很容易忽视，对于大多数人而言，退路往往是诱惑人、蒙蔽人的因子，只要想到退路，就会觉得这次不全力以赴还会有下次机会，而在这个时候，成功往往与我们失之交臂。

有一只品种优良的猎狗，它反应敏捷，奔跑速度极快，是主人打猎的好帮手。

有一次，主人又带着这只猎狗去狩猎，老远发现一只狐狸。主人抄起猎枪开了一枪，但是没有命中猎物。于是主人一声令下，猎狗展开自己最拿手的追捕工作。狐狸瘦小灵活，它熟悉森林里的地形，引着猎狗越跑越远。

刚开始时，猎狗精神十足，眼看着就要捕到猎物了，但随着追捕路程的增长，它慢慢地有些懈怠。这时候天色已晚，鸟儿们纷纷归巢，主人的吆喝声也一点儿听不到了，猎狗一边跑一边想：唉！我追得这么累干吗！追不到狐狸，我就回去好了。念头刚刚闪现在脑海里，它的速度已经慢了下来，这时狐狸又跑远了。最后，狐狸终于逃脱了猎狗的追捕。

在这场追捕之中，猎狗的失利是必然的，因为它随时都有放弃的念头。而狐狸呢？对它而言这却是一场生死竞跑，跑慢了就会没命，所以它不敢偷懒，它已经没有退路了，只有不断向前跑，才有活命的可能。做任何事情都是一样的道理，当我们全力以赴、破釜沉舟，就一定能成功。假如我们心中先有预想，万一失败了，已经为自己找好了退路，那么成功就比较困难。

惰性是人类天然的弱点，尤其是处于一个稳定的环境中时，很容易就满足于眼前的一切。就像那些在洞口伸出大半个脑袋的小老鼠那样，也想探探试试地往外冲，只是一有风吹草动，马上又缩回洞里去。这种心态，是一些人失去进取之心的根源，出路还没打探明白的时候，就先开始筹划退路，这势必会影响他们开拓新生活的冲劲，进三步退两步，很难有根本性的改变。

当一个人面临后无退路的境地，他才会集中精力奋勇向前，从生活中争到属于自己的位置。

给自己一片没有退路的悬崖，从某种意义上说，是给自己一个向生命高地冲锋的机会。

生活有时候就像是一场马拉松比赛，如果你咬牙坚持下去，就会发现自己的力量远比想象中要大得多。让人们主动放弃的原因，一般是从来没人规定如果跑不到终点，你将会受到怎样的责罚。挑战极限的结果是面红心跳、气喘吁吁，而一停下来，马上就可以得到放松和休息，这种诱惑，往往使放弃的人比坚持下来的人更多。

有些事情，我们总是主观地认为自己做不到。在困难与挫折面前，首先想到的不是破釜沉舟地一试，而是总在考虑我如何才能体面地、不伤筋动骨地撤下来。要想最大限度地发挥自己的能力，就应该把自己放在能够焕发斗志的环境中。做任何事情，都要勇往直前，而不是畏首畏尾。如果你总是留着后路，迟迟不肯做出行动，那我们迟早跨不出成功的那一步。在面对自己梦想的时候，总是全力以赴，竭尽全力，从来不会畏首畏尾，也不会犹豫不决，最终才能真正赢得属于自己的成功。

如果最坏的结果都能承受，那你还怕什么

生活中，失败平庸者多，除了心态问题外，还有思维方式的问题。他们在面临一项新的挑战时，不是想着如何去战胜困难，而是开始担心这样那样的问题。例如一个只能做一点简单工作获得微薄收入的人，让他去做点小生意，他首先会有一连串的担心：赔了怎么办？店面不合乎要求被相关部门罚款怎么办？与合伙人闹翻了怎么办？甚至钱多了不安全怎么办？顺着这种思路想下去，那么干什么都不如原地待着不动安全，虽然穷一点、苦一

点，但总算不必承受那些额外的负担。

我们的思维也需要做到与时俱进。有时候，可能你觉得你已经进入死胡同，但事实上，这只是你没有找到出路而已。而改变事物的现状就要运用思维的力量，思路一变方法来，想不通就没办法，想通了又非常简单，人的思维就是这样奇妙。对于怕树叶砸了脑袋的人，我们不妨发扬一下打破砂锅问到底的精神，看看那些臆想中的灾难是不是能真的把人给吞没。

王宁是一家企业的会计，收入虽然不多但是工作还算稳定，随着自己小家庭的建立，他越来越意识到家庭经济压力的严重性。他和妻子商议，当年同系的师哥成立了会计师事务所，正邀请自己加盟，不如趁现在年轻出去打拼一下。妻子开始并不同意，她担心将来事务所经营不好，现有的稳定工作也丢了，到时候后悔都来不及。王宁耐心地做妻子的思想工作，他说：“我希望开始我自己的事业，不趁年轻时打拼一下，以后我们老了，想做什么也有心无力，那时候只会更加后悔。你先别太担心如何面对失败，我们可以这样想，我辞职出去做事务所，可能发生的最坏的事情是什么呢？我可能失败，事务所解散。如果事务所解散，可能发生的最坏的事情是什么呢？我将必须去做任何我能得到的工作。那样可能发生的最坏的事情是什么呢？也不过是绕了一圈，又回到与原来相似的岗位上。然后我可能还会辞职创业。于是，我会再找一条路子去经营我自己的事业。然后呢？也许第二次或第三次，我将获得成功，因为我逐渐学会了如何避免失败。”

有时候，我们怕的不是既定的事实，而是那些落不到实地的推测。面对那些未知的抉择，我们患得患失，常常会因为无法预料而感到恐惧，会不自觉地、先入为主地用消极悲观的心态去面对未来的一切。在这种情况下，我们应该努力学会调整思路、调整心态。

很多时候，人们不是被困难和挫折打败了，而是他们放弃了心中的信念和希望。对于有志气的人来说，不论面对怎样的困境、多大的挑战，他都不会放弃最后的努力。因为成功与不成功之间的距离，并不是一道巨大的鸿沟，它们之间的差别只在于你的思维和选择。

1. 打破现有的安逸假象

一个人不愿改变自己，往往是舍不得放弃目前的安逸状况。而当你发觉不改变已经不行的时候，你已经失去很多宝贵的机会。

因此，即使你现在每天衣来伸手饭来张口，但你必须明白，未来社会，你必须面对更激烈的社会竞争的洗礼，你必须有随时改变自己、更新自己的意识。

2. 练好支持你思路的内功

眼光是否敏锐，观察与思考是否缜密等，是衡量一个人的综合素质的重要标尺。而基本素质的高低，取决于对知识掌握的多少，取决于思想理论水平的高低。常言道，学然后知不足。勤于学习的人，越学越能发现自己的不足，于是想方设法充实自己、提高自己，学到更多的东西，视野会随之越来越开阔，从而跟上前进的步伐。

3. 跳出问题之外看问题

任何人想要解决问题，必须在他的思想中超越问题。这样，问题就不会显得如此令人畏惧。而且他会产生更大的信心，深信自己有能力去解决它。

在你进行尝试时，你要抛掉所有“不可能”的念头，从心理上超越它，只有这样，你才能站在高高的位置上，低头俯视你的问题。

任何成功都源于改变自己，你只有不断地剥落自己身上守旧的缺点，才能做到敢为人先，才能抓住第一个机会，才能实现自己的进步、完善、成长和成熟。

站出来，为自己的一切行为负责

在现实生活中，很多人天生懒散，遇事喜欢逃避，即便内心有宏大的目标，也缺乏执行的勇气。在西方，懒惰是七宗罪之一，懒惰的人通常怯懦、缺乏想象力、无责任心；不知道生活的目的，不能主动地思考问题；没有时间观念，事情总是想着明天做；明明没做什么事情却老是觉得身心疲惫，打不起精神。

懒惰不仅仅是身体和精神的问题，更是思想认识的问题。把一个人从这种懒散懈怠的状态中拯救出来，最重要的一点就是责任心的加强。

老张和老王是两个木工师傅，有一次，他们在一起工作时，老张把一枚钉子递给老王。可是就在两人交接的时候，钉子掉到了地上。地上散落着一些下脚料，要找一枚钉子并不容易。

在这个时候，他们应该怎么办呢？我们可以设想一下，可能会出现下面两种情况。

第一种情形，是老张和老王开始吵架，老王指责老张没拿稳钉子，老张则怪老王手滑了才使钉子掉到地上。他们一直在争论这是谁的责任，压根忘了争吵的初衷是什么。

第二种情形，是老张和老王都表示应该先找到钉子才是正事，他们为了尽快找到钉子，分头行动，一个从这边开始找，一个从那边开始寻找。

无疑第二种情况才是正确的态度，在现实生活中，我们经常会听到这样或那样的借口。当人们做不好一件事情，或者完不成一项任务时，就会有很多借口，在借口的遮挡下，他们很容易学会抱怨、推诿、迁怒，甚至愤世嫉俗。其实，最终他们都会发现，借口就是一个敷衍别人、原谅自己的“挡箭牌”。寻找借口，无疑是掩盖了自己的弱点，推卸了自己的责任。即使有什么问题没有解决，也别费尽心思地去找各种借口为自己辩白，而是将所有的情绪都放下，先解决问题，只有解决问题才是最关键的。

这种精神在现代职场，也具有极其重要的意义。聪明的人总是在上司吩咐任务的时候，不会有畏难情绪，他们永远会把那些艰巨的任务应承下来，然后再去想做事情的办法。如果你一开始就拒绝了，那么你就永远没有机会获得成功。有些任务虽然充满了挑战性，但却是可以做到的。在这个处处对优秀者有更多选择机会的社会里，我们要学会用自己的能力来让人对你刮目相看。为了让自己与优秀者表现得一样出色，就需要自己付出双倍的努力。千万不要为自己冠上弱者的称号，那样只会让你一次又一次地与成功失之交臂。

没有人能够预知事情的结果，但是每个人都能够通过自己的决心来改变事情的未来，这样你也可以摘得胜利的果实。

每天，我们需要对自己说：“我是一个不需要借口的人，我对自己的言行负责，我知道活着意味着什么，我的方向很明确，我知道自己的目的，我怀着一种使命感在做事情。我行为正直，自己做决定并且总是尽自己最大的努力去做好事情。我不抱怨自己所处的环境，努力克服困难，不去想过去而是继续去实现自己的梦想。我有完整的自尊，我无条件地接受每一个人，因为在上帝的眼中，我们都是平等的，我不比别人差，别人也不比我好。作为一个没有任何借口的人，我对自己的才能充满信心。”

要么接受，要么改变

成功只会垂青那些积极主动的强者，只要你敢于担当，勇于接受来自生活的挑战，那么，任何艰难险阻都会变成坦途。真正的强者，从来不埋怨，他们总是会把那些消极的想法从内心扫除殆尽，让自己的内心充满阳光、充满希望。

乔治从事保险行业，在他居住的那个小城镇，乔治是最受欢迎的保险业务员。但是小城毕竟面积很小，人口也有限，慢慢地，乔治很难开展新业务了。有一次乔治乘火车外出，发现沿线有不少铁路工人家庭定居。他忽然想到：我为什么不可以尝试在这些地方推销保险？这地方虽然荒凉，但在那几百千米的线路上，应该还是保险业务的空白区。乔治想到做到，他立即着手制订计划，做好一切准备。此后，他一直往返于铁路沿线推销保险。人们很喜欢他，有保险方面的需要时首先会想到他。一年过去了，乔治的业绩竟然超过百万美元。

每一个正在社会上打拼的人，相信你一定有自己的理想，这种理想决定着你的努力和判断的方向。但要想将理想化为现实，我们还必须有必胜的信念，相信自己能做到，然后潜意识才会接收我们的指令，最后将之实现。其实，无论是企业经营还是开展新的事业或开发新产品，很多人头脑思考的结果首先是没有信心：恐怕不行吧，恐怕做不好吧。但是，如果一味地顺从这个“常识性”判断，那么原本可以做的事情也变得不能做了。如果真正想做一件事情，那么首先要树立坚定的信心，要有强烈的将之做好的愿望，这都是不可或缺的。

同样，如果你正在为一件事努力，那么，如果你能给自己一些积极的暗示——我一定能成功，我一定能做到，那么，你便能化压力为动力，产生超越自我和他人的欲望，并将潜在的巨大的内驱力释放出来，进而最终获得成功。成功者的标准作风，是拿得起放得下，看准了就行动。

当年台湾“经营之神”王永庆将日本的PVC塑料生产技术引进台湾的时候，曾面临严峻的挑战，台塑首期生产的PVC产量是一年100吨，而当时台湾的年需求量只有20吨，供过于求，产品线上还是不上？王永庆经过深入的分析调查发现了问题，台湾PVC塑料需求量太少的原因是价格太贵，如果扩大生产，增加产量，实行薄利多销，是可以带动起市场需求的。于是他做出一个惊人的决策，明知生产过剩，却大幅度增加产量。事实证明王永庆的想法和做法都是无误的，他缜密而大胆的经营策略让他打了漂亮的一仗。

我们可以肯定，支持王永庆做出这种决断的思想基础，是对市场的深刻了解和对自己判断力的充分信心。如果当时王永庆首先想到的是产品积压、资金周转困难、公司倒闭，那么他的选择肯定就是另一样了，退缩的结果，是世上多了一个庸庸碌碌的生意人，而少了让所有人钦佩的“经营之神”。

占了世界上大多数人口的普通人群中，肯定也有不少智慧出众的人，他们之所以出不了头，不是差在勤奋，而是差在胆识。是的，任何一项新的行动都是有风险的，付出了，你有可能就此闯出一番新天地，也可能败得灰头土脸，但可以肯定的是，如果前怕狼后怕虎，你将永远平庸下去出不了头。认真比较一下，还是敢于行动的前景更光明一些。

思想加行动是成功的必要条件，道理我们都很容易理解，但是努力的过程中，往往会有力不从心的感觉，于是一些意志薄弱的人就开始打起了退堂鼓。一个人来到这个世界上，面对生活中的诸多不如意，我们只有两个选择，要么接受，要么改变。抱怨成为接受事实的一个阻碍，我们总是想这件事难度太大了，这样的事情怎么会发生在我的身上呢？我怎么能接受这样的事情呢？于是，在我们产生抗拒心理的时候，我们已经失去改变这件事情的机会。那么，当我们无休止埋怨的时候，有没有想过比埋怨更好的解决方法呢？

可能天下最无奈的一句话就是：我当时真该大胆地去做。我们生活的周围，也经常有人感叹："如果我在那时开始那笔生意，早就发财了！"或"我早就料到了，我好后悔当时没有做！"一个好创意，如果只是想想而已并没有被执行的话，真的会叫人叹息不已，感到遗憾；如果真的彻底施行，当然也会带来无限的满足。作为我们自身，要获得期望，他人的激励是一个方面，而最重要的是我们要挖掘出隐藏于潜意识背后的自己的力量，这样，你才能获得自信，才能始终拥有向上的热情和奋斗的激情，你才能最终看到成功的曙光。

左右为难之际，别忘了还有第三个选择

生命中有许多关口，前进还是后退，向左还是向右，是摆在我们面前的一道选择题。更严重的是，有些问题是没有明确答案的，甚至无论怎么选，看起来都是一条死路。这时候，我们就要学会跳出问题之外，找到那个具有更多利好的隐藏选项。

你是否一直踩着前人制订好的路线在走

从本质而言，人一出生就具有独立性和依赖性的双重个性，如果让依赖性占了主导地位，就容易重复一种因循守旧的生活模式：他们只看同一类的杂志或电影；从不改变自己的服装样式；拒绝听取不同的意见；总是躲在同一群朋友中间；见到陌生人就举止失措；勉强维持不美满的婚姻；死死守住自己牢骚满腹的工作。他们不是没有改变的能力，而是没有改变的意识。

生活中美好的事物历来只和敢于正视现实、迎接挑战、战胜危机的人结伴同行。如果一个人不想断送自己的一生，那么就应该有所作为、有所突破，在征服困难的同时证实自己。

我国伟大的地理学家徐霞客，就是一位敢于拓荒的勇者。徐霞客的一生，大部分是在旅途中度过的，他先后游历了大半个中国，足迹遍布华东、华北、西南16个省。徐霞客富于探索精神，他“闻奇必探，见险必截”，历经了无数艰难险阻。他在游嵩山时，向当地人打听下山的道路，人家告诉他，下山的路有两条：一条是平坦的大路，另一条是险峻的小道。他毫不犹豫地选择了后者，在少有人行的地方，领略了雄奇瑰丽的景色。事后他感慨地说："人家说嵩山没有什么可游的，正是没有看到险峻的地方。"徐霞客的收获，就是在攀登中获得乐趣，在探索中寻觅真知。他撰写的《徐霞客游记》是世界上第一部系统研究岩溶地貌的科学著作，人们评价这部游记是"世间真文字、大文字、奇文字"。

沿着千万人走过的路行走，永远不会留下自己的脚印。只有行走在无人涉足的艰难境地，生命才会留下深深的印痕。要想以最快的时间达到自己的愿望，就需要一种独辟蹊径的精神。如果只是踩着前人制订好的路线，跟在别人背后，慢慢地前行，是绝不可能闯出一片属于自己的天地的。

生活中总有些人多年来只是踱步在传统而保守的道路上，尽管他们年轻时都有着远大的理想和抱负，却因为因循守旧而与众多机会失之交臂，最终，平平凡凡，一事无成。世上的路并不是走的人越多就越平坦越顺利，沿着别人的脚印走，不仅走不出新意，而且随时有被淘汰出局的可能。

刘晓是做建材行业的，他和他的上司冯总是多年的上下级。

当年冯总担任部门经理时，刘晓就是他的得力助手，现在冯总成了公司的副总，刘晓也已经成为部门经理。

冯总是学者型商人，既有很好的经济头脑，又拥有多项技术专利，刘晓一向很钦佩他，他对刘晓也是大力提携。刘晓的工作能力很不错，执行力更是不打折扣，冯总交给他的任务，他也一直做得很好。

有一次冯总到国外出差，刘晓这里却出了一点小小的意外。有一家和他们公司长期合作的建筑企业，对他们的一种新型涂料很感兴趣，但在价格上却要求再降5个百分点。有生意刘晓很高兴，但对于价格问题却不敢擅自做主。虽然冯总走的时候也交代过，一般的小问题刘晓可以根据实际状况自己做决定，但刘晓还是想先请示冯总后再做决定。一时间冯总又联系不上，对方的业务员表示工期不等人，如果这边定不下来就找别的公司谈了。这笔生意就这样黄了。

过了几天冯总回国，刘晓向冯总汇报了这件事，冯总听完后摇了摇头，教导他说："我们这种涂料是新研制出来的，现在正是推广期，对方在业内是很有影响力的企业，它们有意向那是好事啊，市场能打开的话，价格问题是好谈的。这个判断力你应该有的吧，你这个经理完全可以不请示我，自己拍板。"

看着刘晓还是有些想不通的样子，冯总又说："我们做企业，有些事情是没有定规的，只能'摸着石头过河'。就目前来说在公司里你是好职员，做事兢兢业业、不打折扣，可你是否想过，有一天让你带队的时候，后面的人都等着你引路，你又能依靠谁来指明方向呢？"

刘晓听了一惊，是啊，自己在工作上一直靠冯总引领，这些年习惯成自然，从来没有意识到里面的问题，要想独当一面，还差着一层火候啊！

勤勤恳恳、埋头苦干的敬业精神很值得提倡，但必须注意效率，注意工作方法。有很多人表面上工作认真、兢兢业业，但忙忙碌碌一辈子也没干出多少成绩，这和他缺乏必要的开拓精神和创新精神有直接的关系。从这个意义上说，创新不仅仅代表着一个新方法或一种新产品，人是创新的根源，也就是说有培养创新的个性，然后才有创新的成果。

有人形象地将商场比作战场，商业活动就是商战。既是战场，那么形势肯定瞬息万变，谁也不能准确地预测下一步将要发生什么。所以最终的胜利，应该属于那些善于摆脱依赖性，努力实现自己独立性的人。

找到人生选择题的隐藏答案

我们常常会听人说：这件事真是左右为难啊！怎么做怎么错！的确，在生活中我们每个人都遇到过无法选择的两难之境。这种情况下，我们应该如何去解这些看似无解的方程？

可以设想下面这样一种场景：

在一个风雨交加的夜晚，你开车经过一个公交车站。站牌下三个人正在焦急地等公共汽车。一个是突发急病的老人，他需要马上去医院；一个是医生，他曾全力救治过你的母亲，你一直想报答他；还有一个女子，她是你的梦中情人，也许错过就再也找不到了。但你的车只能再坐下一个人，你会如何选择？

出于道义，你应该救助那位老人；为了自己的良心，你要回报那位医生；遵从你的自然欲望，你要和那位女子相会，错过这个机会，你可能永远都不会遇到一个让你这么心动的人。

无论怎样选择，都会留下另外的遗憾。那么，这种难题如何才能解得开呢？最佳答案是这样的："给医生车钥匙，让他带着老人去医院，而我则留下来陪我的梦中情人一起等公交车！"

这无疑是最合理、最能兼顾各方面关系的方案。这个方案走出了“我究竟要带走谁”的死胡同，直接根据实际情况解决实际问题。有时候，如果我们能放弃我们的固执、狭隘和优势的话，我们的思路就真正打开了。

一家大公司招聘一名高级管理人员，最后有三个人经过层层筛选进入面试环节，由公司的董事长亲自把关决定他们的去留。

董事长的题目是这样的：当国家的利益与本公司的利益发生矛盾时，你会怎么处理？

第一个考生说：“我将全力维护国家的利益。”董事长表扬了他的爱国精神，但随即表示：“我们招聘的是公司高层管理人员，如果他不能维护公司的利益，就是没有尽到自己的职责，我们不会要他。”

第二名考生回答说：“我将全力维护公司的利益。”董事长面容变得严肃起来，责问他道：“任何时候，国家利益为先。没有国家利益，公司的利益又依附在哪里？不懂得这个道理的人我们不能接收。”

面试的考场上只剩下第三个考生，他想了一下，淡定地答道：“如果留我在公司任职，我会努力使公司的利益与国家的利益相一致，尽量避免这类问题的发生。”董事长点头称是，第三名考生过了这严峻的一关。

对于这个故事，你可能会对这位董事长招人的方式产生疑问：说得到不等于做得到。第三位考生反应敏捷，给出了完美答案，但是他能否真正把国家利益与公司利益统一还是个未知数。只凭一句话就决定了人才的去留，是否有些草率？

但是这类试题的关键不是究竟能做到哪一步，而是一个人的思维方式的问题。在商场上打滚的人，总要面对各种错综复杂的形势，非此即彼的判断方式，常会碰到一种哪面都不通的两难之境，这时候，能独立思考、另辟蹊径的人的优势就会体现出来。我们姑且不论第三位考生的实际工作水平如何，他能从“这边”或“那边”的圈子里绕出来，从源头上去清理问题，本身就是一种能力的体现。我们在校园里做习题的时候，卷面上的选择也无非就是A、B、C、D，等真正要到社会上打拼时，还是应该围绕最大化的利益和最高限度的发展来考虑问题。

千军万马过独木桥，常常会挤得人仰马翻。其实做人也好做生意也罢，要以和为贵，如果都去挤那座狭窄的独木桥，太拥挤的结果，就是有人从桥上掉下去，有可能从此站不起来。争的结果只能是两败俱伤，双方都元气大伤，谁也不可能赚到更多的钱。

条条大路通罗马，当我们面对难以解开的局面时，要学会突破定式、打破常规的思考方式，在生活的其他方面，也可以出其不意、独辟蹊径地解决问题。

跳出限定范围，解开困扰你的难题

许多人遇到问题的时候，往往会舍本逐末，只在问题的本身绕圈子。看待其他事物姑且如此，对于切身的问题，更是“灯下黑”，没有一声当头棒喝，永远不会惊醒。

有一个乞丐，一直在一条街上乞讨为生。天上有位神灵看不下去了，他化为凡人下来点化这个乞丐。

乞丐正在向路人鞠躬乞讨，寒冷的北风里，他冻得瑟瑟发抖。神灵长叹一声，走到他面前说：“我如果给你1000元钱，你怎么花它？”

乞丐说：“那太好了，我可以买个手机。”

神灵不解，问他为什么先买手机，乞丐回答说：“有手机我可以用它和这个城市的各个地区联系，看哪里人多，我就去哪里乞讨啊！”

神灵恨铁不成钢，又问：“假如我给你10万呢？”

乞丐说："那我可以买部车了，这样以后我就可以开车出去乞讨了，想去哪里就去哪里！"

神灵都要抓狂了，他说："那我给你一个亿，你来给我花了它！"

乞丐听了眼睛说："那太好了，我可以把这个城市最豪华的地段买下来……"

终于见效了，神灵很欣慰，这时乞丐又说："到那时我把我领地的乞丐全撵走，不让他们抢我的饭碗。"

神灵听完，长叹一声，黯然离去。

乞丐之所以一直在乞讨，因为他的思维就是乞丐的思维，除了如何把"乞讨大业"做大做强，他的头脑里容不下其他的概念。他的短视，客观原因是现实社会的消磨。一个人的成长总不能一帆风顺，对于生命中一些大的挫折，也许我们还可以咬咬牙扛过去，怎奈在漫长的日子里，平淡而充满各式各样烦恼的生活年复一年地考验着我们，很多人先是感觉有劲儿使不上，然后就逐渐放弃努力，毫无目标地混下去。唯有真正的强者，才能超越环境，让强者恒强的宣言掷地有声。

思维决定格局，如果你早早地就接受了现实，告别梦想，你的生活也就注定不会有太大的改变。生活中，不少人充满理想，但一旦把自己的理想和现实联系起来的时候，就认为不可能，而这种“不可能”，一旦驻扎在心头，就无时无刻不在侵蚀着我们的意志和理想，许多本来能被我们把握的机遇也便在这“不可能”中悄然逝去。其实，这些“不可能”大多是人们的一种想象，只要你能拿出勇气主动出击，那些“不可能”就会变成“可能”。

也许你会产生疑问，为何你是这样的，而不是那样的？也许你对现状不满意，但其实这都是思维和意识的手笔，如果你想改变，就要挖掘出藏在潜意识背后的自己的能量“金矿”。从我们出生来到这个世界开始，我们就在不断地接受外界传达给我们的信息，无论是好的还是坏的，我们都从那里接受熏陶，从学校接受教育，逐渐地，我们有了自己的价值观、想法、观念或者才华、技术等，而能让我们成长和成才的资源也在其中。所以，我们可以说，如果我们想让自己变得更强大，或者希望获得成就的话，就要让积极的思维主导你，成为你生活的支柱。

背不动的包袱，你可以直接甩掉它

大多数人都有这样的经历：上学的时候，父母总是指着隔壁的孩子说："瞧瞧人家，成绩多优秀，你得向他看齐。"大学毕业了，父母长辈都说："还是当个老师，或者考考公务员，这才是铁饭碗，其他的都不是什么正当的工作。"工作的时候，上司总是告诉你这样不对，那样不对。批评和指责接受得多了，一方面让我们对批评麻木；另一方面又会不由得产生这样的疑问：为什么我东也不对，西也不对，究竟怎样才能让人都满意呢？

我们生活的最初点，似乎是让所有的人都满意，而从来没有让自己满意过。事实上，我们要懂得这样一个道理：你不需要讨好所有的人，只有自己喜欢才是最重要的。

在一堂心理辅导课上，老师带领同学们做了一项实验。他让大家合力写一首歌，歌的内容是关于亲情和爱情的。经过几番修改，歌词定稿了。老师把歌词打印了两份，先把其中一份贴在通往图书馆的宣传栏上，旁边放了一盒各种颜色的水笔。两位女同学站在这里推广这首歌，邀请过往的同学从歌词中找出自己喜欢的句子，然后选一支水笔标出来。几十位同学参加了这项实验后，印着歌词的纸已经被标得五颜六色，差不多每一句歌词，都有它的欣赏者。然后实验者换了一份歌词，请后来到这里的同学挑选自己不喜欢的、认为不够水准的歌词标注出来，结果呢？差不多每一句歌词都被标了出来，“没新意”“不上口”“写得太假”，批评的声音也五花八门。

心理老师把两份歌词都收回来，给同学们总结说：“人世间有一个奥秘，那就是我们做任何事情，都可能有批评的声音，同时，每一个付出了努力的人，在暗中都有其欣赏者。所以我们做事情不要奢求所有人都满意，只要有一部分人满意便是成功。”

不管什么事情，并不是所有的人都会认同你。每个人的喜好不同、观念不同，也许有的人认为好，其他的人并不这样认为。而且，即使大家都认为很好的事，还是会有人认为不好。这种情况是无法避免的。因此，你只要做好自己认为对的事情就可以了，太在意别人的评价，只能让你陷入无所适从的死胡同。

小夏是一家西点店新来的营业员，她做什么都小心翼翼的，既怕稍不留意得罪了客人，又怕手脚太慢被店长责备。

有一天，她在摆放蛋糕的时候，不小心手抖了一下，一个小蛋糕摔在了地上，小夏又急又窘，眼泪都快流下来了。店长急忙安慰：“没事，没事，一会儿让师傅重新做一个。”可小夏心里就像压了一块石头，总在担忧这件事：店长会不会因为这件事辞退我，我怎么这样笨呢，其他人工作总是做得那么好，可我……她越想越泄气，每天忧心忡忡，工作接连出了很多纰漏。店长疑惑了，小夏这是怎么了？

在店长的再三开导下，小夏才道出自己的心结，店长听了哑然失笑：“这都是一些小事情，值得为这样的事情担心吗？工作中犯了一点小错，没有人会在意的，因为大家都在关注工作的事情，没有人会关注你，当初我当实习生的时候，犯下的错误更多，但我从来不担心，因为犯错了才能更好地改正错误，不是吗？”听了店长的话，小夏豁然开朗，也许自己并不像想象得那么糟糕，别人也不会总盯着自己的过失不放，定下心来，好好工作就是了。

因为太在意别人的看法，我们无休止地与自己较劲儿。这样整日忧心的日子有什么快乐可言呢？如果我们太过在意别人的眼光，在这个过程中不自觉地将自己当成焦点，只会让自己身心疲惫。因此，学会做自己喜欢的事情，享受自己生活的世界就足够了。我们并不可能让每一个人都满意，他的脸色不好，也许只是因为他太疲倦，也许他受其他问题影响而并不是有意冲你而来，也许虽然做给你看，但全是误会。你为什么拿这些也许根本无解的问题难为自己呢？当你过分关心“别人的想法”时，你太小心翼翼地想取悦别人时，你对于假想中别人的不满意过分敏感时，你就会有过度的否定反馈、压抑以及不良的表现。最重要的是，看看自己能够做些什么有意义的事情。在众人的误解面前不妥协，敢于坚持沿着既定方向前进的人，才能真正享受成功、幸福的人生。

不懂放弃愚昧的信念，谁都救不了你

在我们行进的过程中，如果说思路是你的发动机，那么判断力就是你的罗盘。任何盲目的行动，只能使自己处于一种被动的状态，只有理智的判断才能使你的投入变成想要的结果。生活中死守愚昧信念的人，并非是真正的智者，不切实际的执着，反而会葬送自己的人生。

忍痛割爱，避免更大损失

世间之事，有得必有失。而有的人会无端生出许多烦恼，这都源于利害得失间的矛盾。人有所得，就要有所失。注定失去的东西就要毫不吝啬，甚至忍痛割爱。失去也并不完全是坏事情，有时反而催促生命的进步。有句话叫作“当断不断，反受其乱”，其中的经验教训值得我们每个人记取。

实业家张广博出身贫寒，他在小时候曾经卖冰棒补贴家用。就是在那段日子，他领悟了许多为人处世的道理。

念小学时，每年夏天张广博都会利用课余时间去卖冰棒。他做生意的全部家当，就是一个自制的保温木箱，木箱可以装40支冰棒。张广博背着木箱沿街叫卖，即使热得汗流浃背，也不舍得吃一支。

有一天，他才卖出3支，突然间天降大雨，路上的行人纷纷躲避，街道一下子空了下来。张广博的冰棒卖不出去了，箱子里剩下的冰棒开始慢慢融化。

张广博急得眼泪都快出来了，但是无论怎样，都阻止不了冰棒的融化。这时他心想“反正就要化掉，不吃白不吃”。于是一口气吃掉了所剩下的37支冰棒。

刚刚被大雨浇过的张广博，吃下37支冰棒之后，得了一场重感冒。他迷迷糊糊在床上躺了两个多月，才逐渐康复。

由于舍不得冰棒白白化掉，才一口气吃掉它，没想到引来一场大病，结果非但不能出去挣钱，反而花掉一大笔医药费。

这次惨痛的教训，使张广博深深地认识到，一件事在面临抉择之际，就要当机立断，必要的时候一定要做到忍痛割爱，这样才不至于因小而失大。

所谓“舍得”，懂得取舍的人才会有所得。在我们的现实生活中，那种只是重复作业没有价值提升的工作，那种左支右绌没有丝毫发展前景的小店，都是那不吃可惜、吃了却反受其害的冰棒。眼前的一点损失不可怕，可怕的是因之扰乱了自己的阵脚，白白浪费了时间与精力。

对于一个聪明的人来说，在遭遇生活的不幸时，不要只去想自己吃了多大的亏，损失了多少。你要想想更坏的情况，如果事情真的变得更坏，你会吃更大的亏，损失更多。这样，相比之下，你就会觉得自己非常的庆幸。

小宁有个相恋5年的男友，他们一起经历了大学校园的温馨时光和毕业季找工作的忙乱，现在终于安定下来，到了谈婚论嫁的阶段。

有一天，小宁和闺蜜一起逛街，却意外地看到男友和一个陌生女孩挽着胳膊在逛商场。晚上小宁要男友对此给一个解释，男友支支吾吾半天，终于承认自己另有所爱。小宁走上前去，狠狠地抽了他一记耳光，一对情侣就此分手。

小宁很难过，大哭一场后，依然正常上班，正常过日子。闺蜜悄悄地问她："你没事吧？遇到这种事，你竟然像什么事情也没有发生过，是悲伤过度还是怎么了？简直搞不懂你。"

小宁微笑着说："你觉得我应该有什么样的表现，哭着闹着抹脖子上吊？"

闺蜜疑惑地说："至少也是件非常让人难受的事情，你为他付出了5年的青春，一个晚上就忘得干干净净，什么也没有了？"

小宁说："是啊，当时我也不相信这是真的。但是回头转念一想，我就感到非常的庆幸。现在我们还没有结婚，还没有孩子，这样断了，我心里当然是不好受，但是剩下的两条路呢？我极力去挽回他，然后两个人带着心病结婚，或者是我纠缠不休他却依然不回头，而我的感情和自尊都再一次被伤害，这又是何苦呢？”

闺蜜点了点头：“还真是这么回事，想想你还真是幸运的。还没有正式地做他的妻子，否则你可真是跳进火坑里了。”

小宁笑着说：“所以嘛，我为什么要悲痛欲绝，为什么要伤心难过呢？没有理由啊！5年的时光是很宝贵，但是付出的也已经付出了，伤心难过能再回到从前吗？不能吧，既然无法挽回，我就不能再接着输得一败涂地丢失了自己。”

很多人觉得自己的日子真是太苦了，觉得命运开的玩笑确实太大了。但是，你想一想，如果生活中什么事情都一帆风顺，那么生活是不是也就变得乏味了呢？人如果没有了希望，就不会去努力和奋斗。那样，活着跟死了有什么区别呢？当你想明白这一点的时候，你就不会因为遭遇生活的疼痛而伤心和难过。

生活中失去与收获是相辅相成的两方面，它们都是真实客观地存在着，你不要总是看到其中一方面，而忽视另一方面。得与失，必定有其平衡点。你不要总因为失去而痛苦，你也会有成功与收获的时候，得与失需要你去感受和体会，如果你常感到失落，那是因为你的心胸狭窄所致；如果你常能体验获得的快乐，那是因为你的心态平和。

我们不妨把得失看得淡一些，也许我们的“失”正孕育着一次更大的“得”，我们现在的“得”也许会成为下一个更大的“失”。我们应该懂得“福兮祸之所伏，祸兮福之所倚”的辩证之理。不要因为一次失去，就仇恨一切。在工作中，我们在一方面失去了，也许会在另一个方面得到补偿。在很多时候，我们需要选择，需要放弃。在你认为得到的同时，其实在另一方面可能会有一些东西失去，而在失去的同时也可能会有一些你想不到的收获。与其抱残守缺，不如舍去，或许会给别人带来幸福，同时也使自己心情舒畅。放弃才是真“得”，放弃才能权衡利弊推陈出新，才能求新求异求发展。

方向没选对，坚持和勇气就成了笑话

在走向成功的道路上，我们需要坚持不懈的精神、敢于冒险的勇气。不过，这些精神和勇气的前提就是要让自己有一个准确的目标和正确的方向。只有选对了方向，我们的努力才会有价值，我们的付出才可能有收获。但是，如果我们选择了一个错误的方向，我们的坚持和勇气都将变得毫无用处，甚至还会让事情的结果朝着相反的方向发展。

有两个年轻人，他们受科幻小说的启发，一心想找到改变金属性质的方法。如果他们成功了，就等于拥有了现代化的“点石成金”的技术，前景无比的诱人，他们仿佛看见各种铜铝锡铅都变成光闪闪的金子，不由得热血沸腾。他们觉得找到了自己事业的方向，于是开始夜以继日的研究。为了攻克难关，他们在几个月的时间里一直待在实验室里，连吃饭睡觉都匆匆忙忙。一次又一次的化学试验，都以失败告终。这时候其中一个年轻人发现，这件事太荒唐了，无论如何努力都不会有结果。于是他就果断地放弃了，自己尝试着去做小生意。而另外一个年轻人却认为，挫折和失败只是暂时的，只要坚持就一定能够获得成功，因此就没有听从朋友的劝告，继续他的实验研究。

几年之后，那位转行的年轻人已经站稳脚跟，成为小有名气的企业家。而那位还在坚持研究的年轻人，不仅一贫如洗，神志都有些糊涂了。

选择了错误的方向错误的路线，要比没有选择更加可怕。如果在选择方向上出现了问题，那么再怎么努力都是徒劳的。在这个时候，我们就应该放弃那些坚持不懈、敢于冒险之类的豪言壮语，选择退出。只有这样做，你才能够为下一次的成功保持精力和体力。如果你选择了一意孤行，那么等待你的必将是失败的悲剧。

人生有很多让人无可奈何的事，有时需要放弃一些无谓的坚持，如果固执地坚持下去，可能会带来毫无生机的局面，甚至将整个人生都赔了进去。因此，不要把你的生命浪费在最终要化为灰烬的东西上，放弃那些不适合自己去充当的角色。适时地转换一下，放弃固执，去更好地追求属于自己努力应能得到的东西，从而实现自己的人生价值。

世上有走不完的路，也有过不了的河，过不了河的时候你有没有想过，掉个头，看看河的上边有没有别的桥。有时候，欣喜和意外，就出现在这一转头间。

事物总是不断发展变化的，如果一味地坚持自己的执着，不注意发现新情况，就免不了会吃大亏。所以我们必须面对现实，对于无法实现的人生理想，该放手的时候一定要放手，要学会适时地转弯，放弃无谓的执着。一个人要想在学习或事业上有所成就，一定要有适应环境变化以及适应新环境的能力，否则，对于新生事物觉察不到，只是一味地坚持，最终会被环境逐渐淘汰。

执着地追求人生的目标，固然是一件好事，它代表了一种永不放弃的精神，它更是一种不服输的精神，值得每个人去学习、去尊重。但是，为了成功我们曾筋疲力尽、伤痕累累，甚至头破血流却不肯放弃，直到岁月流逝，才蓦然发现现实的残酷不允许我们有太多奢望，所谓的执着也不过是碰壁之后一份愚蠢的坚持，是执着过了头，更是一种固执。但是在我们的人生中，有时还没有意识到固执的存在，还把这种自以为是的固执当成一种执着。所以，不要让固执禁锢了你的脚步，与其把时间都浪费在无谓的固执上，不如多做点有意义的事情。

随时清理不重要的目标

人在一生当中精力旺盛的时间是有限的，但是在追求目标的时候，多数人是不考虑时间的，只是在一味地追求新的目标，而不管它是否适合自己，只要看到新的东西、新的目标就要追求，于是就非常盲目地把自己宝贵的时间浪费了。所以我们在新的目标出现的时候，要去选择最适当的目标，然后痛快地做出决定，做好取舍，把不重要的目标丢弃，这样我们才会明确我们的目标，从而全力以赴，才可能有所成就。

有哲人说过，“首先到达终点的人往往不是跑得最快的人，而是那些集智慧和力量于一身的、会做出明智选择的人。”当所有的心血与汗水付诸东流，我们抱怨上天不公，我们一直在努力，可为什么成功的不是我们呢？往往这是因为我们所谓的追求，其实只是一种糊涂的执念。

如果你发现自己现在所从事的工作并不适合自己，那你就要赶紧调整前进的方向。不要担心来不及，如果你一直有这样的顾虑，那才真正丧失大好的时机。当你发现自己真的走错了方向、用错了力气，就要重新审视自己、重新选择目标。

当竭尽全力拼搏之后却仍旧不能如愿以偿时，应该想：“何不转入另外一条发展道路呢？那样或许会获得成功。”所以，敢于变通的人只有一个归宿，那就是成功。

当遭遇难题时，不要一味地去撞墙，指望把墙撞倒，而要学会在合适的地方打开一扇门。人生如流水，我们既要尽力适应环境，也要努力改变环境，实现自我。我们应该多一点韧性，能够在必要的时候弯一弯、转一转，因为太坚硬容易折断。唯有那些不只是坚硬且更多一些柔韧和弹性的人，才能克服更多的困难，战胜更多的挫折。

人不应该为不切实际的愿望而活着

可能你经常会产生疑问：“为什么我总是碌碌无为？”但你想过没有？你主宰自己的大脑了吗？你是否在生活中总是得过且过，从未深度思考过你每一次行动的缘由和意义是什么？

人应该是独立的，独立行走，使人类脱离了动物界而成为万物之灵。独立思考，使我们一天天超越昨日的我们，逐渐成熟和成长。我们总会犯错误，这是正常的，怕就怕执迷不悟、一错再错。人生中很多的挫折和失利，都是由于过度的固执造成的。所以，一味地固执只会导致更大的失利，果断放弃才是正确的选择。正所谓：天生我材必有用，东方不亮西方亮。但是人生的选择有时会偏离轨道，我们要学会及时校正，要敢于否定自己，敢于创造新生活，不要死心眼，一条路跑到黑。

从前有一个猎人，他的枪法很好，可他是一个很固执的人，尤其是爱立誓言，每次进山，都信誓旦旦地说这一次一定要如何如何。

冬天到了，他听说市面上狐狸皮行情大涨，于是便立下誓言：这次进山只打狐狸。深山密林里，飞禽走兽众多，可是猎人对于射程内的山鸡野兔不屑一顾，就是碰到皮毛同样珍贵的貂鼠，他都不发一枪。

整整一天，猎人都没有发现狐狸的踪影，眼看着天色将晚，他只好扛着猎枪，垂头丧气地回到家里。整整一个冬季，这位猎人都按照自己的誓言进山打狐狸，他的收获当然是可想而知的。快到新年的时候，村里的其他猎手都忙着卖猎物、备年货，而他只能对着不多的几张狐狸皮发呆。

许多时候，目标与现实之间，往往具有一定的距离，我们必须学会随时去调整。无论如何，人不应该为不切实际的誓言和愿望而活着。

其实，当你失败时，大可不必过于固执，你不一定非要做无谓的执着，如果调整一下目标，更改一下思路，往往会柳暗花明，豁然开朗。当此路不通的时候，就是在提醒你：该转弯了。转过这个弯，人生的风景又不乏另一番景致。世上只有固执致死的人，而没有“已经来不及”的改变，应时顺势，什么时候都不晚。

人是需要学会转弯的，我们为理想努力，那是“尽人事”，当这种努力没有结果的时候，下一步的方向就是“应天命”了。我们要在生活中学会勤于思考、善于变通，对于我们经过努力确定没有能力完成的目标，就要放弃我们的执着，适时转弯，重新确立人生的目标，才能更好地前进，实现自己的人生价值。为此，你需要做到以下几点。

1.独立思考、独立行动

面对人生的困境，你要懂得，求人不如求己。总想着依靠他人帮助的人，总想有人能在危难时搀扶你一把的人，永远也无法完成任何伟大的事业。只有自主的人，才能傲立于世。

2.凡事想透了，不要得过且过

如果你想有一番作为，就必须全面、正确地认识客观事物，通过由表及里、由此及彼、去粗取精的加工过程，抓住事物发展的规律，结合自身的条件，制订符合实际的目标，在实施中根据客观事物的发展变化修正理想和目标，使人生幸福之路永远长青。

3.有主见而不固执己见

我们要有主见，但不是孤家寡人，不是坚持错误，更不是不听别人的意见。恰好相反，坚持主见就是要虚心地听取接受正确的意见，有则改之，无则加勉。善于把个人主见讲给别人听，取得别人的认同支持和帮助。从实践中来再到实践中去，不断地升华个人的主见，使得个人主见不断地完善和发展。

如果我们想获得大的成功，首先要有大的格局，而大格局来自开阔的眼光和视界。如果一个人的想法老停留在某一个点上，就永远无法开拓自己的视野和思路。我们应该经常将眼光放远，产生一些新的想法。不要让时间或空间成为竞争的界限或者是障碍，必须超越时间做出对自我的要求，才能有机会拓展更大的发展格局，获得更大的生活上和事业上的成功。

懂得分辨什么是思想，什么是臆想和空想

常言道“欲速则不达”，一个人有独特的想法是好事，但是我们需要的是在广泛收集相关信息的基础上做出科学的分析判断，而不是头脑一热就冒出来的点子。人活着免不了要犯错误，我们可以避免也一定应当避免的，是完全被头脑中的空想和臆想误导的错误。

切莫总以为“世人皆醉我独醒”

世界上的万事万物都有着其发生发展的客观规律，如果违背了事物的发展规律，那么，所有的努力都是徒劳的，所起到的效果，也将是南辕北辙、适得其反、事倍功半。对于我们每个人来说，要想早日取得成功，除了要具备必要的艰苦奋斗的优秀品质，还要注意按照事物的客观规律来办事。如果不能做到这一点，那么，等待我们的必将是失败和痛苦。

有一个“把梳子卖给和尚”的营销案例，强调的是能够引导市场、制造需求的营销人员才是好样的，眼光独特，能看到事情的光明面，把不可能经营成可能。

现实真的如此吗？大多数人虽然不很聪明，但也不会很愚蠢。大家都不做，自然有其中的道理。所以，切不要以为“世人皆醉我独醒”，只有自己聪明，独具慧眼，能创新，能发现新大陆。你发现的东西，也许人家早发现了，只是证明不行才放弃了。那种认为自己无所不能的自我认知，更是常常会被现实打脸。

赵亮是一家文化传播公司的老板，这几年他接连投资出版了几本畅销书，在业内也小有名气。不过，赵亮并没有满足，他认为这样的赚钱方式过于缓慢，和他把事业做大做强的理想还有很大一段差距。这时候他看到有同行投资拍网剧大赚了一笔，于是也产生了这方面的意向，他认为这样既能提高公司的知名度，又能增加收入来源。当他把这个打算告诉他的助手的时候，做事一向稳扎稳打的助手对他说："俗话说'做生不如做熟'，图书出版是我们的本行，而拍网剧却不知道里面的深浅，盲目投入风险太大。现在涉足这个行业的文化传播公司都是人才济济的大公司，做事情容易出成效。我们公司的员工就那么十几个人，个顶个满负荷运转，如果再分心做其他事的话，根本就不可能取得成功。"但是，赵亮却不以为然，最后他还是拍板投资参与网剧制作。

这项新投资耗费了他大量的精力，他不得不减少对图书市场的研究，最终导致决策的失误。另外，由于公司缺乏做网剧方面的人才，很多工作不得不依赖合作伙伴或者外包公司，最后的市场反响与相关收益都不理想，可以说在图书和网剧两个市场上，赵亮都输得很惨。

对待新领域、新行业，正确的做法应该是，在没有调查研究之前，既不要否定，也不要肯定。经过广泛的、详尽的调查之后再做决定，才是正确的态度。当年肯德基进入中国市场的时候，公司派出一位执行董事前往北京考察。他先在北京几个主要街道用秒表测出行人流量，然后请500位不同年龄、职业的人品尝炸鸡的样品，并详细询问他们对炸鸡的味道、价格、店堂设计等方面的意见。不仅如此，他还对北京的鸡源、油、面、盐、菜及北京的鸡饲料行业进行了详细的调查。然后才得出最终的结论：肯德基打入北京市场，是微利经营，但消费群巨大，仍然大有可为。这才是在广泛收集信息的基础上进行的科学预测，如此得出的结论才是可信可行的。

做事求稳健，这就要求我们不但要明白自己前进的方向，找到前进的道路，而且要把路上每一个小沟、每一个转弯都了然于胸。

有时候，走马观花得来的大概印象，和事物的真实面目总有一定的差距，我们一定要克服急功近利的思想，把事先的准备工作落到实处。为了少犯错误，要注意对情况进行反复分析，并尽量收集新的资料加以检验，时时提醒自己，不可以轻率地下任何结论。人活着肯定要犯错误，但是那种被直观感觉误导的错误应该尽量避免。

稳扎稳打，心急吃不了热豆腐

在现实中，有很多人一走进社会，就想有一番大的作为，凭着一时的热情和冲动猛打硬拼，结果大多力不从心，垂头丧气地败下阵来。其实一个人做任何事，尤其是与自己关系重大的事的时候，一定先要考虑周详，有了胜算的可能才去做。这样做看起来有些迂缓，但是成事的概率却较大。

常言道“欲速则不达”。一个人的梦想无论有多么高远，都不要急于求成、急躁冒进。如果在行动的过程中显得过于莽撞，采用拔苗助长的方式来求得早日的成功，最终将会给自己带来无尽的灾难。其实，凡是取得巨大成就的人，都了解在违背客观规律之下追求速成是十分不明智的选择，他们的成功，是一个循序渐进、遵循规律的过程。

有很多优秀的创业者，都有一段在别的企业打工的历程。当然他们对公司是绝对忠诚的，只要他在这个公司里待一天，他就会对公司尽一份责任，把自己所有的才华和智慧全部用于公司的发展壮大之上。但是这样的人绝对不是为了挣钱而打工、通过打工而挣钱的。他会把公司当成一个平台，通过这个平台了解这个行业如何运作，怎样才能更好地运作。他会认真了解运作这个行业的每一个环节、每一道程序。世上无难事，只怕有心人。每个成功者首先是个有心人、用心人。他不仅仅把钱看作财富，更把赚钱的办法看作财富。

每一个胸有大志的人都渴望成功。为了早日实现心中的目标，有不少的人选择不懈的努力和奋斗。但是，在很多情况下，这些人的加班加点并没有加速成功的到来，反而却让梦想离自己越来越遥远，这究竟是为什么呢？其实原因很简单，那就是他们在追求梦想的过程中没有耐性，过于急躁，急于求成。其实，人生的成功之路就像一场马拉松赛跑，最先着急奔跑的人却不能如愿到达终点，反而过早地从路途中退出，只有那些不急躁不冒进的人才赢得了最终的胜利。

做决策，要拍脑袋而不是拍胸脯

成事在天，谋事在人，我们做事情一定要具备长远的眼光和卓越的才识。有长远的眼光，才能避免目光短浅，才不会“捡了芝麻，丢了西瓜”；有卓越的才识，才能够对未来作出正确的评判和分析，确定正确的发展方向。

在当今社会，各种信息层出不穷，情况瞬息万变，有许多看起来前景相当不错的项目，其实不一定能够通过现实的严苛考验。

要取得长足的发展，还需要协同作战。作为一个项目的领跑者，应当充分利用各种研究机构，各种专业协会、研究会等团体，尽量做到有据可依，避免不切实际的预见。然后就是要尽早接触资本方，赢得切实的信任和支持。总而言之，决策者是否具有科学的预见性，是决定企业走向的关键。

雷军是小米的创始人。现在小米的市值有数百亿，雷军本人也在2018年被中央统战部、全国工商联推荐为改革开放40年百名杰出民营企业家。但在当年创业的时候，他也有过只被梦想支配的冲动。在大学时，雷军读了一本讲述盖茨、乔布斯早年创业传奇的书《硅谷之火》，对他有极大触动，使他产生了一连串的梦想：写一套软件运行在全世界的每台电脑上，梦想创办一家全世界最牛的软件公司。

大学四年级的时候，雷军开始和同学一起创办三色公司。他们的产品是一种计算机扩展卡，可却在市场竞争中失利，一家规模更大的公司盗版了他们的产品，而且这家公司可以把同类的产品做得量更大，价格也更低。这时不要说公司的运营，连他们的生活也成了问题。半年以后，三色公司决定解散。清点公司资产时，雷军只分到一台286电脑和打印机。对此，雷军反思，他明白了市场意识和团队管理能力的重要性。以后他做天使投资时，就有这样三条原则，第一是不熟不投，第二是只投人不投项目，第三是帮忙不添乱。

创业者要成事，就不能不知己知彼。这包括对产品市场的实地调查及竞争对手企业的实地调查。通过展开市场调查，可了解该产品的需求量、需求区域以及客户类型。通过调查竞争对手的经销商、代理商可获取竞争对手的相关信息。通过调查竞争对手的厂房面积，可以大致得出竞争对手的生产规模。通过调查竞争对手的销售渠道以及运货车辆的密集程度和走向，能够了解竞争对手的出货情况以及出货方向。根据相关统计，全世界有90%~95%的新产品和新技术是通过专利文献报道的。通过收集竞争对手在某产品方面申请的专利，并组织专业人员对这些文献内容进行深入的分析，就能够将竞争对手的研究方向、经营战略以及技术优势判断出来。而通过专利文献引进新技术也是提高公司竞争力、产品质量的一个重要渠道。

在团队的问题上，即使志同道合的好伙伴，在合作中也会产生摩擦和分歧。这种隐患，时间一长就会发作。一开始，大家基于过去的友情，还不好意思公开指出来，等到了忍无可忍提出来时，必然会严重地伤害彼此的感情。到了这种地步，除了大家分手，再也没有更好的办法。与其这样，还不如一开始就未雨绸缪，坚持走规范化道路，把每个人的职责和权限都明确，内耗也就不容易产生。

每个人尤其是年轻人无疑都需要有梦想，梦想本身没有任何错误，但事事都希望一蹴而就的心态却很危险，我们要有自强的精神，更要有循序渐进、打有准备之仗的务实作风。

独立思考，别被“马路消息”所误

我们正处于一个快节奏的社会之中，新的潮流、新的变化每天都在产生，如果你缺乏必要的辨识能力，那就很容易被挟裹之中，迷失自己。

有这样一个小故事：

有一个金矿主，他死后灵魂随风飘向天堂。在天堂的门口，看门的天使拦住了他，对他说："你本来有资格住进来，但是不巧今天的名额已经满了，没办法让你进去。"这位金矿主很失望，他低头想了一下，忽然间有了办法。他请求天使让他对今天进天堂的人说一句话，只说一句就行。天使答应了。于是金矿主拢起嘴大声喊道："在地狱里发现黄金了！"天堂的门很快就打开了，里面的人蜂拥而出，连看门的天使都忍不住跟在后面跑。看着滚滚而去的人潮，这位金矿主也迷惑了，他迟疑了一下，自言自语道："不，我认为我应跟着那些人，这个谣言中可能会有一些真实的东西。"

谣言的诱惑力就是这么大，当它越传越真、追随者众多的时候，连它的制造者也会把持不定，对眼前的良机总抱着"宁可信其有，不可信其无"的态度。我们都有这样的体验，当听到许多人都靠某种方法发达的时候，心里也总是蠢蠢欲动。但是我们要知道，在每一次选择中，依靠非专业的亲戚朋友所提供的建议显然不是好方法，即使他们是善意的，而且并未夸大其词，也不可以全部采纳。过去对他们行得通的事情，换一个时间段就未必同样顺利，此外，因为各人的客观条件不同，适合这个人的成功模式，另一个人复制过来就未必有效。所以请千万不要相信社交场合中有关成功的“小道消息”，那类场合绝非是获得消息的好渠道，有潜力的项目必须是经过研究分析，并且是比较过风险、报酬率、经济与市场状况而来的。

人们运用自己的客观分析所得出的结论，与耳朵里听到的信息往往存在着差异，我们如果要让自己获取更大的成功，唯一可以依靠的是自己灵活、敏锐的头脑。我们必须不断地接受新的信息，磨炼经营感觉，掌握许多与经营感觉相关联的东西。对于每天所遇到的事物怎么看待、怎么吸收，对眼前的事物怎么感受、怎么思考，要从这当中一点一点地磨炼下去。

埃迪在伦敦经营着一家咖啡馆，他的小店深受欢迎，人们都愿意到这儿约见朋友或者独自享受闲暇时光。埃迪在自己开店之前，几乎走遍了周围大大小小的咖啡馆，他是带着无数个问题来品尝咖啡的。每喝到口味一流的咖啡，他都会仔细探究那种咖啡为什么好喝，确认其是用什么煮的，探究咖啡豆的种类和搅拌方法，有机会时会直接询问老板的秘诀。再深入探究下去，埃迪明白除了咖啡本身的味道差别，店内的气氛也有相当的影响。就这样，对“为什么”的思考挖掘下去，从感到咖啡好喝入手，埃迪得到了各种各样的情报。这都是宝贵的第一手资料，对于埃迪开创自己的事业有极大的帮助。

同样是在街上漫步，无心人往往什么也感受不到，而有心人，如经常寻找新事业发展契机的创业者，会将一些事物和现象牢牢地刻印在大脑里，随时为自己的实力补充新的能源。

当我们进入一个新领域的时候，常常会存在一种矛盾心理：相信自己还是相信别人。因为环境所限，一般人们都缺乏好的信息来源和投资参谋，他们所接触的，大都是廉价的观点和夸大其词的评论，它们只能干扰一个人的独立思考，并将其引入歧途。“知者不言，言者不知”是投资市场上的真理，任何一个认真而负责的分析者是不会到处兜售自己观点的，因为他们知道，市场上没有绝对正确的判断。

那些经历了大浪淘沙的成功者，大都足够的理智、自信和耐心，并且能够战胜怕输的心理、从众的心理，冷静观察，独立思考，最终成就一番事业。

根据现有的资源，决定你的行动方案

机遇和挑战永远存在于生活之中。艰难和困厄只是生活给予我们的一次次严峻考验，假如能够保持清醒的头脑和冷静的态度，就可以寻找到人生的突破口。许多事情就是这样，当我们陷于困厄中，感到困惑、迷茫，找不到属于自己的路时，也许这并不是坏事，只要我们能够冷静思考、大胆开拓，就会为自己的人生打开一个新的局面。

在行动之前，必须用心去观察和思考，选准自己的方向。否则，盲目行事，见到利益就上，只会因小失大，甚至一无所获。全面地分析形势，找准自己的出路，最终才能立于不败之地。

我们做事情要求新、求变，这本身没有什么问题，只是你所有的点子必须与时代的潮流和人们的现实需求相结合，否则它就没有根基。我们常常听到这样的故事，说某位生意人，凭着一个创意而击败对手，从而财源滚滚。这个时候，就需要我们能看到事情背后的问题，例如这个人是否还有其他的优势，是否拥有一般人并不具备的商业素质。

创新的另一种意义就是对既定说法的否定和重新选择。例如。有必要改变既定路线，就必须对自己先前的计划说“不”；他人的要求或期待，对自己的成功进程有妨碍，我们就要对他们说“不”；为了享受更大的好运道，也许对目前的良机或成功的指标说“不”。总之，没有否定，就不会有选择，就不能踏上与众不同的成功之旅。

凡事预则立，想得越透彻成功概率越大

有两种做事情的方法：一种是误打误撞，走到哪儿算哪儿；另一种是做好详尽的规划，按照计划行事。无疑后者的成功概率要大得多，所谓“凡事预则立，不预则废”说的就是这个道理。更进一步，如果事先将细节问题也考虑周详，多准备几套应急预案，则成事的保障又多了一层。

空车其实更容易出问题

在每一座城市，都有众多的出租车来回载客。我们一般会认为那些急着赶路的车子存在安全隐患，而实际上还没有搭客的空出租车违章肇事的概率却更大。老司机都知道，空出租车因为急于寻找客人，开车时总是东张西望，注意力不集中。有时正要左转，心想也许这时候右边的客人或许多些，又临时改为右转，所以速度虽不见得快，却最容易出事。倒是许多载了客人的出租车，司机心里有一定的目的地，纵使开得快了些，也不容易出问题。

你有目的或目标吗？你一定要树立目标，因为就像你无法从你从来没有去过的地方返回一样，没有目的地，你就永远无法到达。一个人没有目标，就像一艘轮船没有舵一样，只能随波逐流、无法掌握，最终搁浅在绝望、失败、消沉的海滩上。只有确实地、精细地、明确地树立起目标，你才会认识到你体内所潜藏的巨大能力。

表现杰出的人士都是循着一条不变的途径抵达成功的，这就是一直被他们所推崇的“必定成功公式”。这条公式的第一步是要知道你所追求的是什么，也就是要有明确的目标。第二步就是要知道该怎么去做，否则你只是在做梦，应立即采取最有可能达成目标的做法。如果你仔细留意成功者的做法，就会发现他们就是遵循这些步骤去做的。一开始先有目标，否则不可能一发即中；之后采取行动，因为坐着等是不行的；接着是拥有研判能力，知道反馈的性质；最后不断修正、调整、改变他们的做法，直到有效为止。

有效的目标是要分层次的，你要先确立一个长期目标。这个目标会帮你指引前进的方向，因此，这个目标能否树立好，将决定你很长一段时间是否在做有用功。然后，在一年至五年内，我们需要树立的是中期目标，这个目标包括你希望在自己选定的专业领域做到什么位置，在生活上如对房子、车子之类有什么打算。最后就是你的一个月之内的即时目标，它们是你每天、每周都要确定的目标。每天当你睁开眼醒来时，你就需要告诉昨天：今天相对于昨天，我要达到什么样的突破，而当你有所进步时，它能不断地给你带来幸福感和成就感。

认定目标的人，速度快而平稳；没有志向而彷徨犹豫的人，不但速度慢，而且还容易出错。记住这一点，可以使我们的整个生活有种面目一新的改观。

没安排好行程，别急着出发

先贤说过，“学而不思则罔，思而不学则殆”。这句话讲的是关于学习的道理，在我们处理事情时同样适用。无论做什么，都要把努力工作和勤于思考结合起来，这样你的付出和收获才可能成正比。

人们成功的道路有很多，但是其中的道理却是有迹可循的。有这样一种说法，成功需要70%的资源或者技能，20%的坚持，还有10%的灵光闪烁。虽然所占比重不同，但缺一不可。如果没有对一份工作的尊重与投入，就不可能掌握做好它所需的技能，没有必备的技能，就无法催生思考，同时让思想的火花促进事业的提升。没有思考，就不会有符合客观事实的总结，就像一辆没有站台的火车一样，完全失去了行驶的意义。

人的精力是有限的，我们无法兼顾更多的事情。只盲目奔跑，而从不规划自己行程的人，他的所有行为是受了运动神经的支配而不是大脑的支配。就好像猴子掰玉米，不能说它的动作不快、水平不高，但它不知如何正确地处理这些玉米，贪大舍小，最后还是只有一个玉米棒。

大多数人的生活状态都是匆匆忙忙的，他们在闹钟的提示下起床、吃饭、工作、回家，从一个地方逛到另一个地方，事情做完一件又一件，好像做了很多事，但却很少有时间从事自己真正想完成的目标。因为责任与方向不明确，一生都在为干活而干活，即使他们每一天的劳动都换来了相应的报酬，却失去了可持续发展的长远规划。

美国一位大富翁到东南亚一个国家考察。他来到市中心的繁华商业区，看见一大清早街上很多人慌慌忙忙地挤车赶着去上班，富翁疑惑地问助手："这些人怎么那么慌张，他们一天上班几小时？"

"至少8小时，加上路上所用时间得10小时。"身边该国的陪同人员答道。

"他们一天真有那么多事要做吗？要花那么长时间？"

"大家都是这样，"陪同人员说，"你们经商的不也是非常忙碌吗？"

“不，”大富翁摇了摇头，“人生每一阶段有每一阶段的过法，到了成熟的年龄，就不应该这么匆忙。因为他们肯动脑筋，做1小时的工作所得的报酬超过一般人做10小时所得的报酬。你想想，一个人如果成天忙于某一件事，累了就睡，睡醒又开始紧张地工作，如何谈得上有新的创见呢？”

是的，每天不经大脑的忙忙碌碌，换来的只能是浑浑噩噩、一无所得。一年有365天，一天有24小时，并不会因为你是穷人还是富人而差了一分一秒。每个人都在努力工作，但是创造的价值不一样，产生的效果也不一样，那么究竟穷人差在哪呢？说到底还是效率的问题。成功者不一定整天都待在办公室里，他们也要运动和休闲，但是一旦他们投入工作的时候，必定是全神贯注，能看到每一个微小的失误，也不放过每一个可能的机会。而普通人做不了时间的主人，所以天天被动地与时光对耗。

现实生活中，衡量一个人成就的标尺不在于他工作了多长时间，而在于由他所创造的价值。工作没计划、缺乏条理的人，大量的体力和精力都是白白浪费掉的。他们将工作安排得乱七八糟、毫无秩序。他们早出晚归，安排他们做什么他们就做什么，从来没有时间整理自己的东西和自己的思想。长此以往，即便有了时间和自由，他们也会在惯性的作用下继续过着一塌糊涂的日子。

高效率的先决条件一是要有计划、有秩序，二是要分清轻重缓急。这一理念在生活中是极有实用意义的，例如你是一个营销人员，新品上市初期，寻找经销商是一件非常重要的工作，但面对一个陌生的城市和市场，你会怎么办呢？你是下车后急于四处走街串巷，还是通过调查后，制订拜访计划及合理路线？经验丰富的营销人员会从客户中挑选出有意向、有网络及实力的经销商进行重点拜访，用80%的时间沟通这20%的重点客户。同时，为了不放弃那些潜在的经销商，例如经营相关产品的小经销商，只需要简单地散发新品招商资料就可以了。

在具体的工作安排上，有个简明而高效的法则值得我们借鉴。

每天晚上，拿出10分钟的时间做出第二天的工作安排。把明天必须做的最重要的工作记下来，按重要程度编上号码。早上一上班，马上从第一项工作做起，一直做到完成为止。再检查一下你的安排次序，然后开始做第二项。如果有一项工作要做一整天，也没关系，只要它是最重要的工作，就坚持做下去。对于一些不明白的问题，一定要问个清楚、弄个明白，不要给任何事情留个不完美的尾巴。把这种方法作为每个工作日的习惯做法，成效自然显现。

人生需要谋划，事业需要谋划，生活中的方方面面都需要谋划。可以说，不会谋划的人，就不会有成功的人生。古人说："要先谋而后动。"谋划后的行动，不但具有明确的方向性和目的性，而且具有可行性。在对多种方略进行运筹之后，才能有选择地确定出一套最佳方略。在最佳方略的引导下，才可能创出最佳成绩。

将梦想分解成任务清单

有人曾这样说，一个人无论他现在多大的年龄，其真正的人生之旅，是从拥有梦想那一天开始的，之前的日子，只不过是在绕圈子而已。在生活中，一旦我们确立了清晰的梦想，也就产生了前进的动力，所以，梦想不仅仅是奋斗的方向，更是一种对自己的鞭策。有了梦想，我们就有了生活的热情，有了积极性，有了使命感和成就感。有清晰梦想的人，他们的心里感到特别踏实，生活也很充实，注意力也随之神奇地集中起来，不再被许多烦恼的事情所干扰，他们懂得自己活着是为了什么，所以，他们的所有努力都是围绕着一个比较长远而实际的梦想进行，步步走向成功。

国际知名的投资人、软银集团总裁孙正义，在19岁的时候就为自己做了30年的职业规划：20岁的时候，确定自己所要投身的事业，打出自己的旗号；30岁的时候，储备1亿美元的种子资金，能够为自己要做的大事提供支持；40岁的时候，要选一个非常重要的行业，然后把精力放在这个行业上决一胜负；50岁的时候，完成自己的事业，公司营业额超过100亿美元。孙正义逐步实现了他的计划，从一个小商人的儿子，成为今天闻名世界的大富豪。

孙正义的规划够强大，更为强大的是他为自己的每一步行动所做的思考，他曾经花了将近一年的时间来思考最适合自己的创业模式。经过一系列的考查筛选，孙正义确立了自己选择事业的标准，其中最重要的是：第一，该工作是否能使自己持续不厌倦地全身心投入，50年不变；第二，这个领域是不是有很大的发展前途；第三，10年内是不是能够成为日本的第一，并且别人不可以模仿。他就是依照这些标准给几十个项目打分排除，最终选择了计算机软件批发业务。2014年，随着孙正义投资的阿里巴巴在美国上市，他的财富净值增涨至166亿美元，成为日本首富。

俗话说："谋事在人，成事在天。"事实上，有些时候，谋事在人，成事也在人。任何人不经努力就想获得成功是不可能的。几乎所有的成功都始于方略。学习讲究方略，工作讲究方略，经商也讲究方略。

方略是实现任务或目标的步骤和手段，是根据形势发展而制订的行动方针。可以说，即使有侥幸的成功，如果没有方略的指导，也是暂时的，或仅仅是某一件事情、某一个步骤的成功。这种成功不会有进一步的发展，也不会取得更大的成就。只有在方略的指导下，按计划、按步骤取得的成功，才是真正的成功，才有可能走向光辉的未来。

只要有可能，我们还是应该对自己所走的路进行详细的规划，分清阶段，划分步骤，认真计划每一步应该怎样走，每一步用多少时间，每一步达到什么目标，尽量清晰明白。成功的人生需要正确的规划，你今天站在哪里并不重要，但是你下一步迈向哪里却很重要。

对于每一个渴望做出一番事业的人，梦想等于灯塔，具体的规划等于航线，而他的执行能力，则是人生之舟的发动机。具体地说就是在行动之前要有目标，但仅仅有个目标还不够，在把理想铺铸成现实的道路上，还应该做好规划，规划不仅仅是一种前景目标、一张蓝图而已，它更是你行动的路线图。目标是可以看得见的靶子，每个人都能看到，大家都在朝它开枪，但并不是谁都能打得快和准。

西方有位商业大亨说过："不管我出多少钱的薪水，都不可能找到一个具有两种能力的人，这两种能力是，第一，能思想；第二，能按事情的重要次序来做事。"要成为这种难得的人才，能做事，会做事，我们可以从以下几点开始。

1. 分解长期计划

许多人说自己很无奈，要做的事情太多，每次面对这么多事都无从下手，其实造成这个现象的最大原因是缺乏短期的、即时性的计划。例如，制订日计划和周计划，将计划与事情相结合，每天哪个时间段做什么事，在多长的时间内应该做完这件事，多久的时间来进行检查，到什么样的程度即可。

2. 给工作分类

工作大致可以分为两类：一种是不需要思考，直接按照熟悉的流程做下去；另一种是必须集中精力，一气呵成。对于这两类工作，所采用的方式也是不同的。对于前者，你可以按照计划在任何情况下有序地进行；而对于后者，必须谨慎地安排时间，在集中而不被干扰的情况下进行。

3. 坚持计划不动摇

坚持计划，就是保持过去适合自己的做事时间不动摇，一次事情的不成功并不能否定你之前制订的有效计划，只有每天按照自己制订的计划坚持下去，才会达成自己的目的。

当然，当你制订好一份计划之后，还需要及时调整。当计划执行到某一个阶段的时候，需要检查自己的工作效果，并对原计划中不合适的地方进行调整。而且，计划制订之后需要坚决执行，否则前面所做的就是无用功。对于那些喜欢拖拉的人而言，坚定执行计划是极具挑战性的。一定要记住：抓住今天，今天的事情必须今天完成，不要总是安慰自己明天一定会完成。

人生如棋局，高手总会多看三步

人生就如棋盘一样，有横有竖，想要活得精彩，关键是看我们怎么去规划我们的生活，要想下一盘精彩的棋，必定要多想几个高招，一盘棋才能走活。有些事情并不像你想象得那样顺利，你所走出的每一步、做的每一个决策，都决定着你的成功与否。所以我们做任何事情都不能盲目，不能太保守，总是一条路走到黑，我们要试着改变我们的想法。必须找一条新路，必须有一种站得高看得远的眼光，这样才能使你立于不败之地，如果你只是看见眼前的一步，终究会让你停止在那条水平线上。你的对手就会超越你。只有眼光放长远了，你才有赢的机会。

一个人之所以能够迈出众人的行列，一半在于他付出的努力，一半在于他时时想在他人之先的智谋。如果你在一个偶然的或者必然的场合，采取某种方法或手段，显示出自己的思想、能力和才干，你就会出之于众，你就会赢得只属于你自己的收获。

很多人都是思维上的懒人，他们常常会习惯性地顺着定式的思维思考问题，不愿也不会转个方向、换个角度多想几步。他们的心里都默认了一个“高度”，这个高度常常暗示他们自己：成功是不可能的，这个是没有办法做到的。要想成功，就绝不能让固有的思维定式束缚了手脚，要打破思维定式的枷锁。

思维是改变自我的内在基础，好方法是解决问题的必要工具。只有运用头脑，积极思考，转换思路，不断思考出新的做事方法，你才能够发现、创造更多的机会，实现自己的目标。人生就是如此，你有怎样的生活想法，便有怎样的人生，当你被种种不如意困住的时候，就开动头脑多想几步棋。

完美规划，要考虑一切可能的细节

“工欲善其事，必先利其器”。要想干好手中的活，就应该将工具准备好。也就是说，只有对可能出现的问题做好心理准备，才能防止事情向坏的一面发展，做到转危为安。换句话说，就应该懂得居安思危、未雨绸缪。毕竟，未来不可能像我们想象得那样乐观，很可能会出现这样那样的问题，如果我们没有对可能出现的问题做好准备的话，就会给自己带来许多麻烦和损失。

温州的周氏兄弟联手经营一家灯具厂，他们聪明又勤奋，把生意打理得很好。这时候一家同行的厂子却濒临倒闭，老板万般无奈之下，只好把厂子盘给周氏兄弟。

为了管理好新厂子，一直忙忙碌碌的周氏兄弟特地坐下来开了个碰头会。弟弟很兴奋，他先把自己的计划给哥哥谈了一下。盘活资金、扩大销路各个方面都讲到了，不得不说弟弟很有生意头脑，哥哥边听边点头。但到快结束时，哥哥却郑重地补充道：“生产经营方面的问题你都考虑到了，只是还有一点，我们还要把人心人情考虑进去，不重视不行。”

接手新厂之后，哥哥首先邀请员工谈话，希望大家“多多关照”，从而消除了员工的戒备心理，在感情上与新老板靠近了一步。然后哥哥又当众宣布了不同岗位工人的职责和待遇，这也起到稳定人心的作用。本来大家还对原来的竞争对手、如今的老板有抵触心理，现在却被极大地调动起了积极性和创造性，周氏兄弟的企业自然做得蒸蒸日上。

没有人能随随便便成功，这就要求你形成周密的思维习惯，做事不周详，同时又想把蛋糕做大，这是不可能的。只有步步为营、严谨行事，才能做到更有条理、更有效率。你办事不得当、没有计划、缺乏条理，浪费了精力后还是无所成就。

要想把事情做到最好，你必须在心中为自己设定一个严格的标准，并且，在做事时，你一定要按照这个标准来执行，绝不能马虎。另外，在做任何一项决策前，一定要思虑周全，并做广泛的调查论证，广泛征求意见，尽量把可能发生的情况考虑进去，以尽可能避免出现1%的漏洞，直至达到预期效果。

在很多时候，我们做事情需要经验的积累和正确的判断，而细心和耐心也是我们成功的法宝。一个思维缜密周到的人，会从一件小事、一个细节扩展到其他方方面面，在不经意间就能把事情做得很周全很完备。把一件事情往深了想、往细了做，只有做到缜密行事、步步为营，才能让成功多一份胜算。

奇思妙想，帮你打开幸运之门

现代社会的竞争，是脑力的竞争。在这个时代，思路一开，种种意想之外的改变也会随之而来。那些富于创意的奇思妙想，不仅是宝贵的精神财富，还是可以物化的有形的财富。即便你目前的实力还有所不足，但如果能用好创意，就等于拥有了撬动成功的杠杆。

巧妙运作，黄沙也能变金子

在很多情况下，机会并不是一个悬在半空的金苹果，人人都看得到，只要跳得高还能摸到它。机会其实往往藏在“不可能”的后面，你有慧眼，它就在，你脑筋太死，它就是一片空白。每个正为自己的成功打拼的人，可以说“我的实力不够”，也可以说“我的经营技术还不完善”，这都是客观存在的因素，任何人都回避不了。但是你永远不能说“我没有机会”，这就是主观认知的问题，这样的人心底里根本就没有开拓的意念。只要有头脑、有眼光，谁都会有机会。

在一次思维拓展培训课上，老师给他的学生出了一道难题：一件价值50元的白色T恤，如何让它最大限度地增值？

同学们都低头思考。一位学生站起来回答：“给它加一个高大上的包装，提升观感，价格就能提上来。”

老师轻轻地拍了下手，表示这种思路没有问题。下面的同学们开始活跃起来，一位学生说："给T恤印上流行语，或者是一些有趣味的句子，做成文化衫，就有自身的特色，一定能卖一个好价钱。"

大家七嘴八舌地出主意，只是这些主意还是围绕着T恤本身想出来的，大幅度提价还是有些困难。这时，一位一直没有发声的同学说："如果恰好有名人喜欢这种T恤就好了，我们可以把这个点宣传出去，只要文案写得巧妙，一定会使T恤升值。"

老师赞扬了这位同学，并提出疑问："假如这件T恤和名人明星都联系不上怎么办？还有别的法子将它卖出个大价钱吗？"

于是，又有一位同学站出来说："可以制造与这件T恤相联系的轰动效应，例如请名人为它签字，或让它跟着宇航员周游太空等。"

开动发散性思维，一件普通的T恤也有巨大的升值空间。经营我们自己的人生，也是同样的道理。虽然我们都是一些平凡的人，但是每个人身上总有些与众不同的特点，你可能想象力丰富，也可能思维缜密；可能意志坚定、耐得住寂寞，也可能亲和力强、人缘超好。如果对这些特点等闲视之，它们也就是一种平常的性格特点而已，如果用心去发掘，说不定就可以围绕着它，创造出一种巨大的效益。

米勒太太是一家公司的清洁工，她是一个四十多岁、身材微胖的普通女人，但她有一个特点，那就是具有超强的亲和力。她喜欢聊天，在公司里上至总经理下至刚刚招来的小前台，米勒太太见了他们都能聊上几句。

作为一名清洁工，米勒太太的收入并不高，但现在她的其他收入已经高过工资好几倍。米勒太太利用自己人头熟的特点，打听公司里谁需要找钟点工，谁需要租房子，然后就当起了中介，收取中介费。米勒太太还把自己家的一套小公寓租给了公司里从日本来的工程师，星期天的时候，米勒太太会去那里做些简单的打扫工作，顺便教工程师学习英语口语。这些都是按小时收费的。此外，米勒太太借清洁工这个平台延伸出的另一项业务就是卖保险。她深知公司每一位员工的需求，总会有合适的险种推荐给他们，公司的一个同事，就跟她买了好几万块的保险。米勒太太虽然仅仅是一名清洁工，但是她整合资源的能力一流，她能够非常敏锐地发现利润的来源、寻找适当的客户、选择合理的沟通方法以及适时地转变经营项目。

在我们的头脑里往往有一个误区，以为在现代社会成名获利，都要以足够的物质基础为后盾。事实上，思路决定财富并不是一句空话，只要头脑灵活、感觉敏锐，就可以影响财富的流向。当我们进入市场经济、知识经济时代的时候，富人致富，靠的是他们的头脑。穷人和富人，首先是脑袋的距离，然后才是口袋的距离。

很多人做事倾向于用他们的手，用他们的脚，用他们学过的专业技术，唯独不用他们的大脑。因为不善于思考，所以就不能做出改变，所以就踏不上成功的台阶。

思维是一切竞争的核心，因为它不仅会催生出创意，指导实施，更会在根本上决定成功与否。它意味着改变外界事物的原动力，如果你希望改变自己的状况，获得进步，那么首先要从改变思维开始。

认识到创意思考的巨大能量之后，我们有必要立即行动起来，寻求能为自己带来成功的契机。这并不是障碍重重、难以下手的事儿，据心理学家验证，如果一个人对某件事念念不忘，那么他无论看到什么、听到什么都会与自己的所思联系起来，然后他很快会摸清事情的来龙去脉，找到解决问题的突破口。同样，假如你对金钱保持热望，自己的一切生活积累都在为将来如何赚钱做准备，把自己日常接触到的信息都和当前的赚钱事业挂钩，那么成功最终将确凿无疑地属于你。

需求的杠杆，撬动财富的金山

思维改变命运的最高境界，是在自己的力量还十分弱小的情况下，发现机会，整合资源，完成从无到有的蜕变。美国大富豪洛克菲勒曾经说过："即使把我的衣服脱光，再放到没有人烟的沙漠中，只要有一个商队经过，我又会变成百万富翁。"是的，富人最令人惊叹的素质，就是他们无比机敏的商业嗅觉。

阿里巴巴的创始人马云，是中国最具影响力的商界领袖之一。马云注重创新，他的创新是以现实作为腾飞的基础和最后的落点的。他曾经说过："没有钱没有团队就得靠关系。我没有关系，也没有钱，我是一点点起来，我相信关系特别不可靠，做生意不能凭关系，做生意不能凭小聪明，做生意最重要的是你明白客户需要什么，实实在在创造价值，坚持下去。"

20世纪90年代，马云曾经办过一家翻译社。对于这个计划的可行性，他是这么考虑的：当时杭州有很多的外贸公司，需要大量专职或兼职的外语翻译人才，而这边却还没有一家专业的翻译机构，这是社会普遍的需求。从自身的方面说，他自己这方面的订单也很多，实在忙不过来。思路理顺了，行动马上开始，马云的翻译社就这么办起来了。

现在，海博翻译社已经成为杭州最大的专业翻译机构。虽然不能跟如今的阿里巴巴相提并论，但是海博翻译社在马云的创业经历中也是重重的一笔。

有人的地方就有需求，有需求就有生意，潮流一浪接一浪，市场是可以永远做下去的。作为后来者，我们不怕入行晚、起点低，只要切入点正确，这些问题都不是问题。实力是什么？有人以为实力就是钱，这句话不确切。实力是指一切有利于自己的因素，如资金、人才、环境、天时、地利、人和等，这就取决于我们怎样利用自己所有的实力与对手抗衡。

有创新意识的人，常被人称为思想的先行者。在创造财富的领域里，我们同样需要新的创意，但这里面有个前提是：不管什么样的创新思想，都要为最终的结果服务。换句话说，就是能够为你带来财富的思路，才是最好的思路，否则，充其量只是一场精巧的思维游戏罢了。所以，创新不必好高骛远，善于从生活中发现问题，从而寻找创造的契机才是重要的，顺应时代需求的创新无疑意味着成功。今天的发展得益于昨日的创新，而今天的创新必将推动明天的发展。

每一种文化、行业和机构都有自己看世界的方式。新的观念、好的主意常常来自冲破习惯的思想疆界，把目光投向新的领域，世间万事万物都是相互联系的，人们掌握的知识也是多门类多学科的。因此，面对一个思维对象，不能更不必局限于传统习惯，死守一个点。

人不但要养成思考的好习惯，同时还要扩展思考的范围，开阔思路，扩展思维，这样才会更好地、更大限度地获取有益的信息。循规蹈矩的心境里没有“杂草”，但循规蹈矩的心境里也没有创造力。你想要有创造力，就必须照料好每一株“杂草”，把它们当作一株株有经济价值的新作物。

“创造条件”从来不是一句空话

我们做事情要扎实思考、主动投入，你不主动，天上不会掉馅饼，天下也没有白吃的午餐，机会的出现还是要靠我们自己。当我们没有机遇的时候，我们要懂得在这个时候创造机遇，有条件要上，没有条件创造条件也要上。

古时候有一个村庄，村子里的人以制作壁毯为生。他们制作的壁毯手工精美、图案多种多样，经常有外地的客商慕名前来收购。

村子里有个制作壁毯的老师傅米山，他做出来的壁毯是公认的最好的壁毯，但老师傅已经快80岁了，手脚都不灵便，就停止了工作，只在门口喝喝茶、晒晒太阳，日子过得很悠闲。村子其他的人都暗暗较劲儿，都想争现今壁毯第一人的名头。阿毛制作壁毯的手艺也不差，但是他太年轻，一直也不被人重视。一天，他特地拿着自己亲手制作的壁毯请米山师傅品评。米山师傅一向愿意提携后辈，就点点头说："不错，不错！"

在第二天的集市上，阿毛的摊位边立起一块大大的牌子，上面写着："米山师傅大力称赞的壁毯，欢迎选购！"这一天他的生意自然大为红火，很多客商都被吸引过去。这下子引起了村里人的不满，他们纷纷找米山师傅投诉，认为他这样帮阿毛是对大伙儿不公平。过了些天，当阿毛拿着自己制作的另一批壁毯请米山师傅看时，米山师傅不便答复，便微笑着没有说话。不料在集市上，阿毛立起一块牌子，上面写着："米山师傅都无法评价的壁毯，欢迎选购！"这一次，阿毛又大获全胜。

人们把这件事告诉了米山师傅，有人报怨道："阿毛太能钻空子了，他一直打着您的招牌推销他的壁毯。"米山师傅却笑道："阿毛的壁毯如果质量不过关，这种手法再用下去也没什么效果，我又何必去阻止他。如果他的壁毯真的不错，能打开销路也很好啊，能想出这样的办法说明他头脑灵活。”

头脑灵活的阿毛，生意做得越来越好，再也不用打米山师傅的招牌了，因为阿毛壁毯本身就成了一块金字招牌。

坐享其成的人永远等不来成功，机会是运作出来的，而成功是创造出来的。试问一个连机会都不会运作的人，何来成功可言？机会往往藏在不可能的后面，只要你有头脑、够机警它就存在，可是，你要是看不见它，它就是虚幻的、不存在的。我们一定要看准时机，看准机遇，然后经过我们的努力运作，自己做自己的伯乐。

有些人总把没有机会作为没有成功的借口，而成功者则是不管在什么样的环境下都能找到让自己成功的机遇。机遇不是别人给的，而是靠我们用头脑去思考得来的。所有失败的人都会把失败的原因归咎于外因，从不在自己的身上找原因，时间一久，就习惯于平平凡凡地度过余生，运作机遇那更是想都不会想的事情。在财富的问题上，从来就没有轮流坐庄的，所谓“风水轮流转”“一碗水端平”之类，不过是人们的希望而已，从来没有人觉得赚钱赚厌了，该把机会让给别人试试。机会取决于有没有发现机会的眼光，在一个精明的人眼里，生意永远做不完，机遇随时可以遇到。

让新奇的创意快速运转起来

《孙子兵法》曾说：“凡战者，以正合，以奇胜。”我们做事情的时候也需要借鉴出奇制胜的招数，多用发散思维、逆向思维、跳跃思维等思维方式，抛开心中的一切成见，调动脑子里的所有细胞，快速地运转，才有可能产生好的想法。一些精明的商家在情人节卖玫瑰花的创意，可以给我们一些启示。

1.卖稀缺

有一种产自荷兰的玫瑰花，叫作“蓝色妖姬”，它的价格比普遍的玫瑰花高出数倍。因为市面上通常见到的玫瑰花都是红、白、黄、粉红等几种颜色，纯蓝色的玫瑰花非常罕见，物以稀为贵，价格自然就上来了。另外，“蓝色妖姬”这个名字，本身就含有神秘、浪漫的意味，可以激起人们的购买欲望。

2.卖服务

玫瑰花是情节人的专属礼品，不管是对于热恋中的情侣还是对于求爱的对象，玫瑰花都是表达爱意的一种介质。消费者在送给爱人玫瑰花的时候，总想体现一种特别的意义。精明的商家自然不会忽略这一点，他们将数量不等的玫瑰花塑造成各种造型，而每种造型又都被赋予了不同的寓意。另外，更有贴心服务，如即时配送、代写卡片等，对于那些终日忙碌，而又一心想给爱侣一份节日惊喜的都市白领来说，这一招对他们非常适用。

3.卖优惠

很多信誉好的花店，会顺势推出情人节玫瑰花期货服务。花店标出花朵或花束的价格，接受情人节预订。对于送花的人来说，由此可以规避当天玫瑰花价格飞涨或者是缺货的风险，自然大为欢迎。

在现代化社会里，人们有更充裕的金钱追求物质享受，正是因为如此，也就需要更多勇于创新的人，来创造更多更加新奇的能够赚钱的东西。例如，怎样使沙发坐起来更舒服？怎样使衣服穿起来更舒适、好看？怎样使吃的东西更加方便和美味可口？等待创新和改进的东西太多，我们唯有把握机会才能创造财富，取得成功。有位企业家总结自己的成功经验时说："我庆幸自己与别人比有独创性的构想，做别人看不到和不能做的事，才能成功。"

当某个人在新开辟的路上走向成功之后，人们便认为这是一条成功之路。于是很多人都挤向这条路，由于人多的缘故，此路便形成堵塞现象。这时候，聪明人总是能够再找一条路，由于这条路是新开辟的，多数人还不认识这条路，所以畅通无阻，于是聪明人又先一步到达成功的终点。等多数人再到达期望的终点时，成功的果实已被摘走。

某市的房地产公司中，有两家企业规模不相上下，市场定位也差不多，它们既是合作伙伴，相互之间也存在竞争关系。年初的时候，两家公司都想在东南方郊区投资房地产，并各自派人前去考察。在公司的论证会上，第一家企业得出的结论是："那里人口稀少，且距离市中心太远，交通不方便，不属于'热地'，房子建好了销售并不看好，会影响公司资金周转，应该放弃这个项目。"而另一家企业在详细考察之后，却得出结论："该地虽然人口稀少，但那里环境幽雅，人们厌倦了城市的喧哗，定会喜欢在那里生活。可以考虑在这里开发特色房产项目。"结果证明还是第二家企业眼光精准，随着城市包围农村，城里人越来越向往农村生活，尤其是一些农家乐，办得更是如火如荼。

真正有所成就的人，必须学会思考，而不要因循旧制。如今的市场如战场般硝烟滚滚，谁有眼光，谁能够看到趋势，谁就能抢得先机。能够在充满不确定因素的环境中，看清事物的发展方向，走出属于自己的道路，离不开高瞻远瞩的洞察力和创新思想，有了这种能力，才有可能在做事上比别人快"半拍"。

要想成功，必须另辟蹊径，另找一条路子，不能随波逐流，要摆脱跟随的习惯。要做到这一点，其实并不是十分的困难，有志于创立一番事业的人，完全可以从日常生活开始，有意识地培养和训练自己的创新思维。如果你有了想法，不管是什么样的想法，你都应当表达出来。如果是独自一人，你就对自己表达一番；如果你身处群体之中，不妨告诉其他人共同进行探讨。时间久了，你的头脑会更加灵活，眼光会更加敏锐，在平庸的人群中脱颖而出是必然的结果。

看准人性，在双方的心理博弈中取胜

有人认为在知识经济时代，只有高学历、高智商或身怀某种特殊技能的人才能获得成功。这种说法当然是有道理的，但同时又有些片面。诚然以上条件的确是促使其成功的重要因素，但起关键作用的还是人的思路。

蒙牛集团的创始人牛根生曾经这样说："根据我的切身体会，做市场，缺钱不要紧，但是不能缺思路。"可见，成功的首要因素就看你有没有一个人生发展的正确思路。新思路带来新方法，新方法带来新机遇，新机遇带来新成果。成功就这样一次次和有新思维的人不期而遇。

思路所包括的内涵很深，其中有一种有趣又有效的思维博弈值得我们关注，那就是熟悉人性、把握人心，在复杂的形势中轻松获取自己想得到的东西。

苏秦是战国时期的纵横家，出于鬼谷子门下。在当时的战国七雄中，秦国的实力最为强盛，齐、楚、燕、赵、韩、魏六国，都不是秦国的对手。从当时的列国关系来看，存在着两种趋势：或是以秦为核心，对六国各个击破，这叫连横；或者是六国联合起来，共同对付秦国，这叫合纵。纵横家的活动，就是游说各国君主，推行连横或合纵的政治主张。

苏秦刚走上政治舞台时，秦国的势力如日中天，于是他先到秦国搞连横，要促成秦国完成统一大业。他对秦惠文王说："以秦士民之众，兵法之教，可以吞天下，称帝而治。"无奈秦惠文王相信自己的绝对实力，对这帮游说之士不感兴趣，苏秦在秦国无法立足。

苏秦回去后闭门读书，苦思天下大势，然后又出山到六国搞合纵。他劝楚威王与赵、魏等国联合起来抗秦时，楚威王正因受秦国使者的威胁而发愁，听了苏秦的话，十分高兴地说："非常感谢你的妙计，我正为这件事'卧不安席，食不甘味'呢，现在就按你的计策去做。”其他几国，也面临同样问题，这次苏秦的游说活动十分成功。他成为纵约长，配六国相印，在历史上风光一时，也留名后世。

苏秦在秦国碰壁，是因为他对秦国的政治状况尤其是秦惠文王的心思都没摸透就贸然前行。这就好比我们现在的招聘大会，用人单位要开列出招聘对象的条件，应聘者要了解对方单位的性质、业务范围等，一切清楚明了，聘用成功率才会提高。

宋代诗人陆游有一句诗：“山重水复疑无路，柳暗花明又一村。”只要我们不拒绝变化，并且善于运用变通的思维方式，不断改变自己的观念，我们就能抓住机会，走出困境，进入新的天地。在我们面临的所有问题中，只有人的问题才是问题的主体，我们要求变，就要抓住人心的变化轨迹，这个结打开了，一切困扰也就解决了。

艾丽一家移民澳大利亚后，开了一家西餐店，每逢学校放假艾丽就在自己家的店里打工，她觉得这是一种很好的锻炼。

艾丽家的生意不太红火，也就是维持小店运转而已。这时候，父亲想了一个好主意，他们隆重推出了一种超级大汉堡。这种汉堡里夹着大块的牛肉饼和各种新鲜蔬菜，还有奶酪和沙拉酱。味道可口，而且富有营养，特别诱人的是，推出的价格十分便宜和实惠。根据测算，这种汉堡的售价最多只能保住成本，没有办法盈利，而对于工薪阶层的顾客来说，买一个这样的汉堡就可当作一餐饭，非常划算。所以汉堡一推出，就大受欢迎。

一天晚上休息的时候，艾丽问父亲，我们的汉堡并不能赚钱，为什么要这样做呢？父亲微笑着说："我们开店，人气最重要，有了人气，还发愁不赚钱吗？我们的汉堡不赚钱，但慕名而来吃的人，还要吃点薯条、喝点饮料，或买点别的什么吧？那就肯定有钱赚了，即使这次不买别的，但总会有下次。"

果然，艾丽家的小店一天天兴旺起来。

这种不赚钱的经营方法，其实大有文章，当顾客被这种物超所值的汉堡吸引来时，其实已经落入商家的"圈套"。不过他们的消费是自愿消费、快乐消费，可以说和商家达到了共赢。天时不如地利，地利不如人和，有了人气，还愁财源不滚滚而来吗？给别人留空间，等于给自己留空间。

想挣钱和发财是每个人的本能愿望，可是许多人的挣钱方法太落后了，"金钱第一"的人因被钱迷住，而忘了这样的道理：不播种生长钱的种子，钱是不会自动来的。如果你的工作超过别人所希望或要求的，渐渐就会使人留意，自觉自愿地给你支持，给你带来更多发挥你才能的机会。

在现实生活中，一个人的思路往往决定了他会向哪个方向走，以及能走多远。如果缺乏好的思路，即使他再聪明、再有抱负，也会和成功失之交臂。拥有了好的思路，就能够在迷雾中看清目标，在众多资源中发现自己的独特优势。好的思路，会使人生旅途充满亮光，每一种好的思维方式，都是生命历程中一盏明亮的灯，导引你正确地走向成功的彼岸。

谋而后动，抢占行业的先机

那些赤手空拳打天下，并最终确立了自己地位的人，大都是一些敢作敢为的冒险者。胆子是成功的条件之一，但在创立事业的过程中，仅仅是胆子大还远远不够。和“胆量”相匹配的是“见识”，也就是说要建功立业，不但在于“看准了就去做”，更重要的是“看得准”。这就包括要看准潮流形势，看准事物的发展方向。真正具备成功素质的人，从来都相信命运靠自己掌握，他们敢冒风险，但他们同时也时刻在研究可能出现的后果。他们做他们所能做的一切，以提高获取回报的可能性。他们认真准备、制订计划，以获取成功。

美国大富翁詹姆斯，年轻的时候尝试过很多行业，他一直在寻找让自己腾飞的机会。终于有一天，他以便宜价格购得一个矿区，这是一个富矿，每天可以产出数千桶的原油，詹姆斯很快进入富人的行列。

詹姆斯的运气让人嫉妒，周围的人都说："这是个幸运的家伙！"詹姆斯是幸运儿，但是他的运气却不是凭空掉下来的。实际上，石油的钻探成功率很低，钻1000口井，其中有石油的大约只有200口，而钻出的石油能够卖出获利的只有5口，整个算下来只有0.5%的概率。当时大多数的钻油者都抱着一种投机的心态，期待着那张金光灿烂的大馅饼恰巧砸在自己身上。而詹姆斯不但创业有灵感，也在努力学习地质知识，更认真地听取专家的意见，尽量从各方面收集资料选定矿区。从这个角度看，詹姆斯是有资格成为富人的。

财富绝对不会对懦弱者微笑的，同样，对于有勇无谋的莽汉也不会有兴趣。幸运从来都掌握在自己手里，知难而进，把劣势经营成优势，以优势带动另一种优势的运筹思想，就是一幅现代商业社会的寻宝图。那些有做大生意素质的人，头脑里四个重要问题必须是非常明晰的：我现在的位置在何处；我下一步的发展规划是什么；我将如何做到这一点；我何时做到这一点。有了明确的商业计划，在经营的过程中，才可以避免那种被客观环境、外部影响牵着鼻子走的盲目性。

赚钱是大胆决策和用心经营的必然结果，绝非误打误撞的“大运”。他们大胆果断的“冒险”背后，是深谋远虑的筹划与安排。

当年金庸以一个武侠小说作家的身份站出来办《明报》，许多人都为他担忧，甚至有些人等着看他笑话。其实在金庸先生自己看来，这背后也是有谋略支撑的。写小说的稿费，可以作为办报的启动资金；此前他为别的报纸写的国际政治述评和武侠小说连载很受欢迎，为刺激报纸销量，尽可以转在《明报》上发表。另外，针对香港市民的爱好，《明报》专门开辟了娱乐版面，相信可以吸引一大批读者。有了这样细致的前期准备，放心大胆地选择自己的新目标当然是没有问题的。人生需要谋划，事业需要谋划，生活中的方方面面都需要谋划。可以说，不会谋划的人，就不会有成功的人生。只有采用独树一帜的策略，才能获取独掌乾坤的伟业。

触类旁通，走出定式思维的死胡同

在瞬息万变的社会，我们每个人都要具备一定的应变能力。如果你一味恪守前人的经验，形成固定的思维方式，就容易陷入思维的歧途，成为最先被社会淘汰的那一类人。我们在面对一些复杂的或者冷门的问题时，应主动检查头脑中是否存在自设障碍，排除了这些障碍，你的思维就进化到一个新的层次。

给被禁锢的思维解绑

一个人如果形成了某种思维定式，就好像在头脑中筑起了一条思考某一类问题的惯性轨道。有了它，再思考同类或相似问题的时候，思考活动就会凭着惯性在轨道上自然而然地往下滑。思维定式是阻碍人前进的一条铁链，它使人的思维进入无法前进的死胡同。

要摆脱和突破思维定式的束缚，往往需要付出极大的努力。无论是在创新思考的开始，还是在其他某个环节上，当我们的创新思考活动遇到障碍、陷入某种困境、难以继续下去的时候，一般都有必要认真检查一下：我们的头脑中是否有某种思维定式在起束缚作用？我们是否被某种思维定式捆住了手脚？

有一个小故事，很能说明问题。

有一个边防缉私警官，他经常会看到一个人推着一辆驮着大捆稻草的自行车，通过他的边防站。

警察的直觉告诉他，这个人肯定有问题。于是，警官每次都会命令那人卸下稻草，解开绳子，并亲自用手拨开稻草仔细检查。尽管警官一直期待着能发现些什么，却从未找到任何可疑之物。

这天傍晚，警官像往常一样仔细检查完稻草，然后神色凝重地对那人说："我们打了好多次交道，我知道你在干走私的营生。我年纪大了，明天就要退休了，今天是我最后一天上班，假如你跟我说出你走私的东西到底是什么，我向你保证绝不告诉任何人。"那人听了对警官低语道："自行车。"

这位警官的思维就被禁锢在那一大捆引人注目的稻草上，而忽略了作为"运输工具"的自行车。任何复杂的现象，其复杂的只是表面，都有其一般性的规律，都可以找到简单的分析、处理方式。这就是化繁为简的过程，这个过程就是找寻规律，把握关键。

而我们发现，很多时候，我们在寻找解决问题的方法时，往往把问题考虑得过于复杂化，其实事情的本质是很单纯的。表面看上去很复杂的事情，其实也是由若干简单因素组合而成。所以，我们要看到思维的力量，我们也应该锻炼自己的头脑，扩展自己的眼光和思维。灵活的头脑和卓越的思维为我们提供了这种本领，深入地洞察每一个对象，就能在有限的空间成就一番可观的事业。

孙月刚参加工作的时候，家里长辈就叮嘱她做事要小心谨慎，不要像在学校里那么随意。孙月本身也不是个争强好胜的人，每天按时完成老板交代的工作，不违背自己的工作原则，总而言之，就是一个普普通通的小职员。小公司里人事简单，孙月在这里做得还挺开心的，不知不觉两年过去了，孙月虽然没有升职，但也变成一个有点资历的“老”员工。

一天老板交给孙月一项任务，做一份公司的年度规划。孙月知道，考验自己的时候到了。她就像往常一样趴在桌子上慢慢地想，慢慢地查资料，慢慢地规划，就这样不知不觉一个星期过去了，眼看离老板交代的时间越来越近，可她还是一点头绪都没有。这时候一位平日关系不错的男同事提醒她说：“你可以换一种思维呀，不要老是局限在自己以前的固定模式里，像这样的规划，你必须到市场上先了解现在业务的行情，然后根据现在的业务量和以前的业务量以及人们的平均消费水平进行综合评估，这样才可能圆满地完成任务呀！”孙月茅塞顿开，是啊，自己一直以来都是在电脑上、资料上研究问题处理问题，却忘了现在任务不同，自己原来的固定模式已经不适应现在的情况。于是她亲自到市场上研究，然后结合以往的资料完满地完成了任务。

我们在处理事情的时候，经验的作用是不可小视的。这也就是说，你会按大脑资料库里储存的东西，给当前的事件定性，然后再把以前解决问题的方法套用到这个事情上来。说起来很麻烦，其实在我们头脑里它只是一个下意识的选择，事情一出来，你会想："哦，这个我熟，如此这般，就可以搞定了。"

思维的定式当然也有它积极的一面，它可以帮助我们迅速解决问题，但是你如果陷到某种"定式"里出不来，它就成了束缚我们创造性的枷锁。

无论是思考如何解决碰到的新问题，还是对已熟悉的问题寻求新的解决方案，一般都需要在多途径地探索、尝试的基础上，先提出多种新的设想，最后再筛选出最佳方案。而基于反复思考一类问题所形成的"一定之规"，对这样的创新思考常常会起一种妨碍和束缚的作用。

持有这种心理状态说明你是一个对自己的能力缺乏自信的人，有极强的依赖性与惰性。如果能够转变一下思维方式，视野就一下子打开了。之后你就会觉得，方向更清晰，可做的事情也更多了。

换一个角度，风景大不同

遇到难以解决的问题时，聪明人可以把复杂问题简单化，不聪明的人可以把简单的问题复杂化。事实上，解决复杂问题时能够化繁为简，就体现了一种新的视角，开启另一个视角，就会产生一条新思路。

在处理事情的过程中，没有绝对解决不了的难题。有的人之所以陷入僵局，只是因为按部就班，没有更换角度。在这个世界上，从来没有绝对的失败，有时只需稍微调整一下思路、转变一下视角，失败就有可能向成功转化。

谁都希望前进的道路畅通无阻，然而总有意想不到的事情干扰着我们的思维，打乱我们原有的计划。为了完成目标，为了成就梦想，我们给自己设定了一个又一个规划，朝着这样的前方百折不挠地走去。但是种种困难挡在我们面前的时候，计划实现不了，终究还是永远停留在计划的阶段。

这个世界上没有一成不变的事物，唯一不变的就是变化。聪明的人懂得适时而动，适时而变，“穷则变，变则通，通则久”。

古时候，有一位皇帝南巡，沿途州县得到讯息，都会预先做好准备，如果在自己的境内出了什么差错，那将是谁都承担不起的欺君大罪。

这时候沿江一个小县忽然天降暴雨山体滑坡，山石泥土将县城外唯一的一条官道给堵住了。雨停了之后，县令赶紧组织人手清理道路。碎石杂物还好说，很快被清理出去了，但却有几块巨大的山石横在路上挡住了道路。石头太大了，人们围上去后找不到着力点，便很难把它们抬动。这时有人建议回县城取来绳索木杠做一个绞盘移动大石，但是这样要费很大周折，而南巡的车队很快就要过来了。

县令皱着眉头围着大石转了两圈儿，忽然眼前一亮，吩咐手下人在那些大石头周围挖个坑，然后把大石头推进去埋平。大伙儿赶紧依计施行，挖坑、埋石、运走泥土、压实路面，忙乱但却有序。

第二天，南巡的车队来了，只见这里道路畅通、路面平整，大队人马顺利地通过了。本地县令调度有方，得到上司的嘉奖。

世事变幻无常，做事情不能因循守旧、墨守成规，而要灵活应对，根据事物的发展变化审时度势地做出果断的改变，这是成事的关键因素。

同一件事，同一个问题，从不同的角度看，就会产生不同的感觉和不同的想法。每个人都希望自己做事能有一个好的角度，从而把事情做得尽善尽美。这种好的角度当然是从思考而来。突破常规思维，从另外的角度进行思考，往往能够柳暗花明见新天。这样的事例在日常生活和工作中有很多，由于这种思维方式灵活多变，能出奇制胜，所以往往能取得意想不到的成功。对于一个本质相同的问题，用两种不同的角度去看，会得到截然相反的答案。所以，当我们做事时，不妨选择一个好的角度。有一个好的角度，我们做事就成功了一半。

在现实生活中，当人们解决问题时，时常会遇到瓶颈，这是由于人们的思维停留在同一角度造成的，如果能换一换视角，情况就会改观，就会有新的变化与可能。换个角度，就换了一种思路，就打破了自己的习惯思维和固有思维，这样，必然会有不一样的结局出现。

别让“随大流”的心理影响你的判断力

从本质而言，人一出生就具有独立性和依赖性的双重个性，如果让依赖性占了主导地位，就容易重复一种因循守旧的生活模式：他们认为躲在人群里才是最安全的，拒绝结识新朋友；只穿样式普通的衣服，稍稍体现一点个性就浑身不自在；每天按部就班地生活，拒绝听取不同的意见；死死守住自己牢骚满腹的工作，不敢也不喜欢做出变动。他们不是没有改变的能力，而是没有改变的意识。

总爱随大流，这里面的思想基础其实很简单，对于自己的思维判断，他们没有充分的自信，觉得走的人多的才是阳关道。另外，身边的人多，无形中就提升了安全感，即使失败了，他们也会自我安慰说："没关系，反正也不是咱们一个人。"然而，他们从来没有考虑过，为什么要走这条路，还有没有其他更有价值的道路。

法国一位著名的昆虫学家发现有一种黑色的小甲壳虫有种很有意思的习性，它们外出觅食，都会跟随在一只同类的后面，在地上快速爬动，没有方向也没有目的。昆虫学家做了一个实验，他捉了许多这种虫子，然后把它们一只只首尾相连放在一个花盆周围，在离花盆不远处放置了一些这种虫子很爱吃的食物。一小时之后，他前去观察，发现虫子一只只不知疲倦地在围绕着花盆转圈。一天之后再去观察，发现虫子仍然在一只紧接一只地围绕着花盆疲于奔命。几天之后再去看，不远处的食物原封未动，而这些虫子已经在花盆周围累饿而死。

该换一种思维方式生存的不仅仅是虫子，还有比它们高级得多的人类。在漫长的人生路上，多数人就像在磨道里拉磨一样，永无休止地在这个环形道上走着，走完一圈再走下一圈，无休止地重复，无休止地走动，直到生命的最后一刻。也有一些聪明人，他们不甘于在这种环形路上重复走下去，他们另外开辟了一条路子。于是他们走出了圈外，看到了大千世界更多的别人没看到的事物，得到了别人没有得到的东西。相比之下，他们的见识超过了常人，他们的财富超过了常人，他们便成了成功者。这就是再找一条路子的好处。

从众心理的形成，常与一些不健康的心理因素相联系：从众可以不冒风险，对了皆大欢喜，错了大家都不丢面子；从众可以维持和谐局面，避免发生分歧、争吵和斗争；法不责众，即使是犯了极其严重的错误，人人都有份儿，可以不受到追究。这些不健康的心理因素，显然对创新思维是不利的，使我们错过了许多学习和创新的机会。

在你自己的生活中，当你提出某些有创造性的观点时，你要做好被否定和被怀疑的准备。但是如果你能坚持你的独创精神，那么，你就会发现你的坚持将得到回报，因为虽然创造性的代价可能有时会很高，但从众的做法所付出的代价会更高。虽然群众的眼睛是雪亮的，但一个人的长短优劣只有自己最清楚，最适合别人的路，不一定同样适合你。那些在某一领域取得了辉煌成就的人，从来都敢于在不同意见中做出决断。

某公司新来一位执行总裁，他在业内小有名气，以雷厉风行的工作作风著称。他上任后不久，有一次将几个重要下属召集在一起开会，讨论合并一些业绩不佳的小城市销售网点的问题。新总裁提出了一个方案，而下属们你看看我、我看看你，一时之间竟没有人站出来发言。直到新总裁依次点名，他们才吞吞吐吐地表达了一些大致相同的意见。原来，合并销售网点的事吃力不讨好，那些冗余人员会因为失去好职位好地盘而心生不满，制订和推行合并方案困难重重。下属们的意见是这个方案要缓行，等时机成熟时再做考虑。新总裁在仔细听取大家的意见后，仍感到自己是正确的。在最后决策的时候，虽然参加会议的人员都持反对意见，他依然宣布这个方案通过。

在这次会议上，新总裁这种忽视多数人意见的做法似乎过于独断专行。但其实，他已经仔细地了解了其他人的看法并经过深思熟虑，认定自己的方案最为合理。而其他人持反对意见，只是一种条件反射，有的人甚至是人云亦云，根本就没有认真考虑过这个方案。既然如此，自然应该力排众议，坚持己见。因为，所谓讨论，无非就是从各种不同的意见中选择出一个最合理的。既然自己是对的，那还有什么犹豫的呢？

长期以来，许多人习惯于传统的思维方式，喜欢“照葫芦画瓢”，看到别人怎么做就马上跟着怎么做，从来没有自己的思维，从来不考虑要靠自己想出新的做事方法。这种人的事业是注定不会有很大的发展空间的。因为思维是改变自我的内在基础，好方法是解决问题的必要工具。只有运用头脑，积极思考，转换思路，不断开拓出新的做事方法，你才能够在社会中发现、创造更多的机会，实现自己的目标，改变自己的生活。

敢于质疑，能使大脑处于一种主动进取状态

人脑是一个制造模式的系统，按照最简单的原则行事，它依赖于早年形成的模式，置模式外的信息而不顾，所以人脑最易趋向习惯。一个人的日常活动，90%已经通过不断地重复某个动作，在潜意识中，转化为程序化的惯性。也就是，不用思考，便自动运作。这种自动运作的力量，会把人们拘禁于一个谨小慎微的牢笼之中。只有敢于质疑，在质疑中寻求突破的人，才可能在

自己的领域获得突出成就。

权威人士在各行各业中所起的巨大作用使人们对他们普遍怀着崇敬之情，一听说是某某方面的权威，便会肃然起敬，这是十分正常的。但如果这种崇敬演变成迷信，那不仅不正常，而且是十分有害的。因为当我们对权威产生迷信时，便会习惯于他们的观点，不假思索地以他们的是非为标准来考察问题。这时，即使产生了一些创新的设想，往往也会由于违背了权威的定论或没有得到权威的认可而轻而易举地自我否定掉。

每个人的思想总会不自觉地受所处环境的制约，因而他的思想也不可避免地被局限在特定的、自以为非常合理的圈子中打转。学会思考，你将清晰地看到世界，并能够控制自己的生活，而不是被生活牵着鼻子团团转。

我们经常用生活中普通的规律去看待事情，这样，我们便故步自封、画地为牢，久而久之，便形成了惯性思维，倒在失败的经验中爬不起来，认为有些事自己永远都办不到，却完全忽视了许多内部和外界的条件已经改变，以致失去了一次又一次唾手可得的机会。因此，当我们发现自己被惯性思维锁住时，一定要当机立断，立即挣开它的捆绑。

据社会学专家们预测，未来的社会将变成一个复杂的、充满不确定性的高风险社会。今后的时代我们要想发展，必须树立不怕失败的信念，果断地做出决定，投身新的环境，去发挥全部才能。这种不怕失败，准备在万分紧迫的情况下发挥全部才能的态度，反而有可能防止更大的失败，并大大提高自己的才干。

深秋季节，草原上起了火，大风中火越烧越大。牧民们什么都顾不上了，他们在大火来临之前四散逃奔。可是人在前面跑，火借风势在后面追，即使人跑得再快，也没有风和火的速度快。很多人在精疲力竭之后，最终被大火无情地吞没。但是，有几个人只受了轻伤，幸存了下来。

救他们的不是速度，而是头脑。他们没有按照常规思维拼命向前跑，相反，他们义无反顾地迎着火的势头，向大火冲去，从凶猛的火舌的缝隙间穿过去，反而到达了安全地带。

只有曾经面对艰险的人，才会理解“安全”的真正含义。如果一个人具有开拓者的勇气，喜欢迎接新的挑战，在披荆斩棘的发展过程中，他将一点点地强大起来。

敢于质疑，能使大脑处于一种探索求知的主动进取状态，使大脑的思维处于朝气蓬勃的创新状态。在接受别人所谓的“板上钉钉”的道理时，要敢于提出相反的思路；要挑战一切，不怕提出“愚蠢”的问题。记住：永远不要被权威人士吓倒。无论个人还是企业，只有勇敢地冲出思想的重围与禁锢，才能开创不寻常的事业。

发散性思维，开启高速发展模式

我们任何人，无论做什么，都要有灵光的头脑，善于创造性思维，不能钻牛角尖。这条路走不通，不妨转换一下思维，尝试反过来思考，先找问题的本质。思维一变天地宽，勤思考，善于逆向、转向和多向思维的人，总能找出解决问题的方法，总能以最少的付出达到最满意的效果。

现实生活中有一种荒谬的信念，认为只要有信心和智力就足够。其实，智力就像汽车的动力，而思维能力才是驾驶汽车的技术。有些人智商很高，但思维能力却很差，有些人智力平平，但是思维能力却很强。英国剑桥大学的迪·博诺教授说："一个人很聪明或智商很高，只是说明他有创造的潜力，并不说明他很会思考。"智力和思考的关系，就好比一辆汽车同司机驾驶技术的关系，你可能有一辆很好的汽车，但如果驾驶技术不好，同样不能把车开好；相反，你开的尽管是一辆旧车，但如果驾驶技术高超的话，照样能把车开得很好。请记住这样一句话："在信息时代，我们最需要的技能是学习如何思考、如何学习以及如何创造。"

于思远在一家IT公司做销售已经有三年了，他的业绩可以排在中等稍稍偏上的位置，自我感觉工作做得还算不错。不料公司被业内另一家大公司收购，两处人员互有调动，也有一部分员工就此失业。不幸的是，于思远也在裁员名单之内，这让他十分郁闷，不知道自己是哪里出了问题。

于思远不得不重新打起精神找工作，这时有前几届自主创业的一位师兄正招兵买马，同学把于思远介绍到这里来。他很珍惜这次面试的机会，按照约定好的时间和师兄见面。师兄一边翻看他的简历一边问道："哦，你一直在做销售工作，这些年大概碰到过多少总也说服不了的客户？"于思远正了正身子，自信地回答："到目前为止，我还没遇到过说服不了的顾客。"本以为这是个加分问题，不料师兄却说："哦，没有遇到过说服不了的客户，这一方面说明你基本工作做得还算合格；另一方面也说明你习惯在自己早已熟悉的模式下工作，只接触有把握的客户，缺乏开拓精神，不敢大胆地实施自己的计划，以至于一直到现在都没有什么让人骄傲的成就。"一席话点醒了于思远，是啊，自己的确有这样的心理，平时对工作没有自己的想法，只想平平稳稳不出差错就行。对于自己这种已经没有太多潜力的员工，新公司不太欢迎也在情理之中。

看到于思远低头不语，师兄笑了："思远，思远，你可不能辜负自己的名字，一定要有深思远虑啊！"

最终，于思远还是得到了这份新工作，他决定从现在开始，以崭新的面貌投入工作之中。

很多人以平安、稳定为追求，他们只有在自己熟悉的环境中，面对自己熟悉的人群时才会心安，对于陌生的领域，从来都是战战兢兢，不敢轻易涉足。而那些具有成功潜质的人，则永远在不断地改善自己的思维方式和行为态度，他们总是希望更有活力，总是希望产生更大的行动力。是的，一个人如果总是裹足不前，那么即便是他从前没有碰过壁，也不是什么值得自豪的事情。勇于开拓可能会遭遇失败，在破坏一个人稳固的成绩的同时，也会让人认识到自己的不足，从而一天天变得更为强大。可以说，一个人的成功经验和智慧是他在不断地思考和尝试中积累的结果，这才是他一生真正的财富。

沈扬经营着一家小小的中介公司，主要是做房屋买卖租赁的生意。在工作中她发现很多顾客在雇用搬家公司进行搬家时，往往有很多不满意的地方，本地现有的搬家公司简单粗暴的经营理念，明显已经跟不上时代的需求。于是，沈扬有了组建一个全新的搬家公司的想法，她一面经营着自己的中介业务，一面筹集资金准备二次创业。

半年后在沈扬中介公司的旁边，她的搬家服务中心成立了。她力求摆脱以往搬家公司僵化的套路，将为用户提供全面的综合性服务为目标，尽量多方面拓展业务。

沈扬的主要运输工具，是按她的思路改装的一辆大货车。驾驶室后座加装儿童安全座椅，方便有孩子的家庭。封闭式车厢的载重量是6吨，一般家庭的所有器物都能一次性运完。车厢一关自动上锁，既可靠，又安全，行人什么都看不见，这充分照顾到一般客户担心财物遗失和不愿让别人发觉的心理。此外，沈扬考虑到顾客在搬家时需要处理许多杂事，如装修房屋、清洁打扫、处理废旧物品，以及迁移户籍、更改水电供应等大小事项，她的搬家服务中心全都可以代办。

沈扬的思维，没有把搬家公司的概念仅仅限制在“运送”上，她的一条龙式服务深受客户欢迎，生意做得很是红火。

当经验在大脑里越积越多，甚至形成一种思维定式的时候，总习惯用自己的价值标准和思维模式来评判事物，这就叫作思想僵化。殊不知，时代总是向前发展，逆水行舟，不进则退，不创新，不革命，终将被淘汰。商家要想自己的商品永葆魅力，除了要不断提高商品本身的品质，还必须树立“服务创新”的意识，不断更新和完善自己的服务品牌。这种创新就是一种发展机遇，是将生意做大的动力源泉。

我们解决问题，不要急忙着手，而要认真分析，做好对问题的界定，这样你就会找到问题的根本，最后解决起来，就会少走弯路，提高效率。

转过那个弯，就是柳暗花明

我们行路的时候，如果眼前总是又宽又直的大道当然是令人愉快的，然而实际上我们常常会遇到那种让人看不清前路的大转弯，或者是不知道通往哪里的岔道。这就是考验我们思维能力、判断能力的时候了，通过了考验，才能到达你所向往的坦途。

创造性潜能的发挥存在着诸多障碍。虽然我们每个人都有创造性的无限潜能，但“现实”的力量在扼杀我们的想象力。分析表明，对你的创新能力最大的威胁来自你内心的声音，“糟了，这事儿我完全没有办法处理”，类似于此类的念头使我们对自己创造性的思考能力产生怀疑，这种缺乏自信的态度会阻碍我们提出新的创意。而好的思维，会使人生旅途充满希望，每一种好的思维方式，都是一场奇迹的开端。

广州的富商陶老板是做百货生意的，他从路边的小摊干起，逐渐经营起自己的超市，如今已拥有10多家连锁店。事业一大，手下人等难免鱼龙混杂，加上陶老板一直倾向于中国式的人情管理，制度上并不太严密，就有一些超市的经理暗中耍花样，有很大一块利润都流进了他们私人的腰包。

这几年陶老板年龄大了，就有了退休的打算，这时候儿子也已经锻炼出来了，陶老板就打算以后让儿子主持大局，自己退居幕后养花钓鱼。盘账时才发现，超市的漏洞太多了。这个烂摊子是一定要整顿的，否则传到儿子手中，将更加不可收拾。但是如果十几家超市一起查，人手就成问题。而且不光是查账，还要查架子上的货，不是外行做得了的。眼看事情就要搁浅，陶老板愁得白发都多了几根。这时他儿子想出了一个绝佳的主意。他帮父亲分析道：查账的风声一起，弄得人心惶惶，反而容易出乱子。查出毛病来不必说，如果什么也没查出来，人家心里就会不舒服，以后肯定影响工作。不如干脆来个大换位，十几个经理通通调动，调动要办移交，接手的有责任，自然不敢马虎，这一来账目、架货的虚实，就都盘查清楚了。陶老板拍案叫绝，于是就以儿子新老总上任的名义，将连锁超市来了个通盘大调换，不动声色地完成了查账任务。

巧妙的思维方式，有拨开云雾见日光的功效，想通了，前面的路也就走得顺利了。

随着社会的不断发展，现成的机会恐怕越来越少，不管你身在哪行哪业，要想有所成就，更多是要依靠认识的更新、头脑的创意。我们只要更新观念，摆脱传统思维模式的束缚，就能够想别人想不到的主意，最终获得成功。生活、工作的各个方面都可以迸发出创造的火花。思维的力量是没有上限的。

第九章 抓住主要矛盾，再大的难题也迎刃而解

思考制胜的至高境界，是有所为有所不为的选择，而不是每天在慌张忙乱中浪费自己的时间与精力。即使我们要面对的情况千头万绪，这里面也必定有核心人物、重点事物，找出这些关键点，想办法攻克难题，纲举则目张，再解决其余的问题就顺利得多了。

只抓那只你能抓住的兔子

关于选择与放弃，阿里巴巴集团主席马云曾经做过这样一个比喻：“看见十只兔子，你到底抓哪一只？有些人一会儿抓这只兔子，一会儿抓那只兔子，最后可能一只也抓不住。CEO的主要任务不是寻找机会而是对机会说不。机会太多，只能抓一个。我只能抓一只兔子，抓多了，什么都会丢掉。”马云正是仅仅抓住了阿里巴巴这只“兔子”，才将事业越做越大。

一个人的精力和能力都是有限的，不可能将每件事都做得面面俱到，因此在选择的时候，就要着眼全局，放眼未来，懂得弃车保帅，才是上乘的战略。否则，你可能连唯一能抓住的那只“兔子”也放跑了。

小杜是临床医学专业的，硕士学历，对于自己未来的工作，他的理想是一线城市，最低也要是省会城市的三甲医院。几番波折后，他和苏南一家三甲医院签了工作意向。由于医院所在地只是地级市，小杜对究竟要不要到那里上班总也下不定决心。苏南地区经济发达，这家医院的实力也挺强，自己在那里工作发展前景应该不错。但是一想到自己的理想，还是想到一线城市去感受一下，于是小杜南下去了广州。

在广州找工作却不像想象得那么顺利，大医院对资历和教育背景很看重，小杜这种算不上顶尖名校的毕业生就缺乏竞争力。一些小医院他又看不上，无奈只好转行，到一家外资的医疗器械公司做销售工作。一段时间后，由于业绩一直上不去，身心疲惫的小杜对工作产生了厌倦情绪。但心高气傲的他觉得如果自己单干肯定会更好，于是他联系了几个朋友一起做药品生意。本来以为这也是和专业相关，不料干起来才发现这完全是两码事，不到一年，生意亏本了，朋友们也因利益关系闹得不欢而散。

无奈之下的小杜只好再换工作，他想挣钱还债，又急于证明自己，几年下来，他先后换了几次工作，心情越来越浮躁，在哪里都扎不了根。现在专业知识已忘得差不多，又缺乏实际经验，再想做医生几乎是不可能了。小杜虽然工作阅历丰富，跨了好几个行业，可是没有一段经历能称得上成功。残酷的现实，迫使他不得不重新认识自己。

不做没有把握的事情，在与人竞争的时候就不会轻易陷入被动。聪明的人在现实中总是会首先仔细地反复考察，对比自己和别人的优势与劣势，经过反复权衡之后，才会决定自己究竟该何去何从。总之，谨行慎思，是一种冷静的态度，这种态度可以让我们做出一些比较客观的判断。

谨行慎思不但要求我们在做事情的时候，能够做充足的准备，不打无把握之仗，还要求我们能够全面地认识自己，客观地了解自己的兴趣、优势和能力，根据自己的情况，选择适合的生活方式，而不是漫无目的地流浪。

阿莲是一个娇小的广东女孩，她身上有一种南方女子特有的精神和韧性。她在一个人口密集的小区经营着一个卖日用百货的小超市，这个地段大家都看好，超市也是一个连一个，彼此之间竞争激烈。一开始阿莲的生意并不好，可她慢慢地摸索出一套经营的绝窍。阿莲发现，少数的特价商品不但可以吸引很多顾客上门，而且会让顾客产生这里所有的商品都比其他地方便宜的错觉，从而对其他商品也产生购买的欲望。

于是阿莲每天都推出几种特价商品，各种品牌的洗衣液、纸巾、牙膏、香皂等轮番登场打特价。每天早上她用柔和的声音报出这些特价商品的种类和促销价，录下来后在店门口用小喇叭循环播报。这些商品都是居家过日子常用的东西，自然很受顾客欢迎。一天下来，营业额很让人惊喜，虽然卖出去的特价商品几乎是零利润，但随带着卖出去的其他正常价格的商品收入也非常可观，小店当然还是有钱赚的。好的开始带来了连锁效应：阿莲的东西卖得多，在批发商那里进货也多了，批发价格上就会有较大的优惠。所有商品日期新鲜，包装整洁，进货出货周转得更快。就这样，所有的环节都进入良性循环的状态。

紧接着，阿莲又想到了一个别出心裁的点子：

每天早上9点到9点半，各种油盐酱醋等调味品打折，以吸引周围买菜的居民；每天中午12点到12点半，饮料和一些方便食品打折，以吸引中午下班休息的打工群体。她给这个促销方式取了一个名字，叫作“经济半小时”，并请人用毛笔写了大字，贴在店门口。这个匠心独具的策划收到了很好的效果。

很多人之所以一直和成功失之交臂，很重要的一个原因就是他们眼高手低、好高骛远，屁股永远坐在自己的脚上，不肯为手上正在做的事儿多花些心思。而那些让人羡慕的成功者，他们所凭借的却是自己精心筹划和永不气馁的精神。对自己的事业心存一系列完整规划的人，表面看起来与别人也没有什么不同，但是因为眼光看得远了，再做起事来就有了责任心和主动性，会完全脱离那种得过且过的生活状态，才能也会得到最大限度地发挥。

无论你从事的是哪行哪业，我们做事情都要善于抓重点。这就是说我们要能做好关乎自己长远发展的大事，同时要对诱惑说不。选择哪些该做，哪些不该做，其实同样重要。说到底，选择的本质其实是有所不为。“鱼与熊掌不可兼得”，我们在制订自己的发展规划时，必定要有所取舍，如果想要在某方面做得更突出、更出色、更优秀，就有必要舍弃一些其他不必要的方面。因此必须做到“有所为，有所不为”，才能够取得最后的胜利。

善于借力，因地制宜能成事

遇到难以解决的问题，与其死盯住不放，不如把问题转换一下，化难为易，达到解决问题的目的。不聪明的人会把简单的问题复杂化，而聪明人可以把复杂的问题简单化。

当然，通向成功的大道，绝不止思维变通一种方式，但是突破常规的变通思维能力，却是每一个渴望成功的人所必须具备的。它缩短了行动与目标之间的距离，只有拥有灵活变通的思维能力，并将之与具体行动相结合，它的匠心独运、别出心裁，往往才能为你实现理想做出独创性的贡献。

法国南部的一个小城里，有一家公立的图书馆，它规模不大，但却是很受小城居民们欢迎的地方，很多人都喜欢来这里读书借书。

有一年，这儿又建了一个新的图书馆，原来的图书馆要搬家了，也就是说，所有的图书都要从旧馆搬到新馆去。这可是一个庞大的工程。图书馆工作人员在一起讨论搬运方案，准备找一家货运公司全权负责，可这样一来，要支付一笔很大的搬运费，图书馆的预算根本不够。怎么办？这时有人向馆长出了一个好点子，问题顺利解决。

图书馆在本地报纸上登了这样一个广告："从即日开始，每个市民可以免费从图书馆一次性借10本书，限于××年××月××日之前归还到我馆新址。"然后把新图书馆的地址附在后面。

结果，许多市民蜂拥而至，没几天，就把图书馆的书借得差不多了。工作人员只需在新馆等着市民还书。就这样，图书馆借用众人的力量完成了搬书任务。

借力发挥为聪明人的谋胜之术。如果一个人能细心观察身边的事物，并能够把握彼此之间进退的尺度，在必要的时候借力发挥，平衡一下各个方面的力量，自然会更利于事情的进展。

成功者大都是善于借用别人之"力"、巧借别人之"智"的高手。他们懂得虽然做任何事情都不可能一步登天，须一步一个脚印，但是，取得成功的办法多种多样，只要办法得当，便可快捷省力。巧于“借力”，精于“借智”，是成功的一大诀窍。

云涛家庭条件不好，他念完高中后没有继续升学，而是自己做点小生意补贴家用。他做事踏实，头脑灵活，生意做得还算不错，手里也积攒了一些启动资金，就想结束这种打游击状态，找一个自己喜欢的行当干下去。

当时各种民营的快递公司刚刚起步，云涛看准了形势，决定找一家信誉好的公司加盟，代理本地的快递业务。和快递公司谈好意向后，云涛就开始寻找合适的地点准备开张。他在找房子的时候，发现一栋三层旧楼房正在整体招租。这栋楼房是一家事业单位的旧办公楼，地段不错，租金也不高。看完这栋楼，他决意全租下来。家里人觉得设个快递点，只租两间房子就足够了，整栋楼根本吃不消，再说手里的钱也不够付租金，都劝他打消这个念头。但云涛还是认准了这件事。

几番周折后，云涛和对方谈定15万的年租金。他拿出5000元钱交了定金，签订了租房合同，然后就开始四处找人凑钱。一个星期后，他自己的全部积蓄加上借来的钱终于凑够了6万元。他把这6万元交给对方，请求再给他些时间，如果一个月内他交不清，已经交上的那些就不要了，算是赔偿金。他的热情和诚意获得对方赏识，使他顺利拿到装修钥匙。装修期间，他就以翻番的价格，转租了好几间。等到装修完毕，他不但交清了房租，连装修钱也凑齐了，公司也搞了起来。

像云涛这样的人，没钱也要投资，不管遭遇多少波折是注定要成事的。而很多有知识、有能力的人，却一天天虚度年华，生活没有一点起色。这些人缺少的就是成功的野心以及无论如何都要往前走的思维方式和性格。

我们做一件事情之前，首先要抓住重点，做好全方位的准备，只有各项准备做到位，深思远虑，规划好，落实好，才能够为下一步事情的展开打好基础，人生的事业才能够健康、迅速地发展下去。切忌走一步看一步，这样下去的结果往往就会成为人生的败笔，留下无穷的遗憾。做事有章程，能随机而变，就要求我们越到紧要关头，越要沉着冷静。全面分析所有的不利因素和有利因素，一方面最大限度地利用一切可以利用的有利因素，使有利因素的效力得以全面发挥；另一方面则要不放过任何一个机会，因势利导，这才能够在困窘之中甚至陷入绝境时，沉着应对，化不利因素为有利因素，由被动变主动，由此找出反败为胜的机会。

找到事情的关键点，才能够把握全局

古往今来，许多成功者既不是那些最勤奋的人，也不是那些知识最渊博的人，而是一些善于思考的人。思考在很大程度上决定着一个人的行为，决定着一个人学习、工作和处世的态度。可以说，思考决定着一个人的前途和命运。

我们在处理一些重大事件之前，先要理顺思路，找到其中的关键所在，就能起到事半功倍的收效。俗话说：打蛇打七寸。打到了蛇的“七寸”，毫不费力就能将它打死，这里的“七寸”就是蛇的死穴，也就是平时我们说的关键点。分清主次，确立中心，其根本目的就在于使目标更加明确，使力量更加集中，集中力量打击主要目标，这样就能多一份成功的把握，甚至可以稳操胜券。

要想处理好事情，第一个关键问题就是人的问题，摆平重点人物，事情就成功了大半。当年曹操杀入洛阳、消灭董卓后，便把汉献帝挟持到自己的地盘许昌供起来。表面上，他以汉献帝为尊，自己出任丞相之职，而实际上献帝只是任他操纵的傀儡。有献帝在，曹操就可以代表中央政府，向四方诸侯发出各种指令，而诸侯们却没有任何理由对曹操轻举妄动。曹操后来的不断壮大，四方贤士猛将皆来投靠，不能不说与此有很大关系。中国人讲究“名正言顺”，先让自己处于有利地位，才可能对他人施压而不伤身。《红楼梦》里的荣国府，一向是老太太当政。凤姐儿本是孙媳的身份，但因为把老太太孝敬得好，就得以一人独揽家政大权，银钱往来、佣仆调配、各种日常事务都由凤姐儿说了算。

我们无论做什么事情，都要先想通看透，看准谁是最紧要的人，什么事才是当务之急。如此，就可以省去许多不必要的中间环节，直接站在制高点上。

理顺了关键的问题，处理事情还要有抓核心的本事。我们要能够看透纷乱的表象，找到事物的主要矛盾，做出正确的决策，下大力气去解决，就好像在前进的路上，遇到了一块阻路的大石头，搬开这块石头，再往前走就能够畅通无阻。

清朝末年，杭州有一家全国知名的大药店，按照当时行业的惯例，药店设了一个“阿大”，也就是总经理，设了一个“阿二”，也就是副总经理。阿大全面负责药店的经营业务，阿二则专管药材的采买。在职位上，自然是阿大高一级，但是药店的药材采购常常需要出远门，采买事务只能由阿二独立做主。这样一来，阿大、阿二就很容易在药材的价格、质量上产生分歧导致矛盾与争执。

有一次，阿二从东北采购回一批鹿茸、人参等贵重药材。由于边境战乱，这一年的药材质量比往年要次一等，但价格却比往年高出许多。回家验货的时候，阿二被不了解情况的阿大指责办事不利，阿二心中十分不平，于是两人争执起来，最后一直吵到东家那里。

东家对他们分别做了一番安抚之后，留下他们一起吃晚饭，剑拔弩张的局面得到缓和。这时候，东家根据药店经营的特殊性，对阿大、阿二各自的职责重新做了调整。他打破药店设阿大、阿二，由阿大负责全盘的传统，规定由阿二独立全权负责采购药材，从价格、数量到质量一应事宜，像阿大一样，直接对药店东家负责。原来的阿大，现在是管理药店经营的阿大，阿二则成为进货阿大。如此调整，再没有出现以前那种争功推责任的扯皮现象，相反，两位阿大由于各自职责范围十分明确，反而各司其职、各负其责且相互合作，工作效率大大提高。药店的管理走向正轨，生意也越做越红火。

在战争中，抓住主要矛盾，找到决定战争胜负的关键点加以攻克，就能够势如破竹地击溃敌军。现实生活中也是如此，我们在想问题、抓工作、定策略的时候要能够突出重点，善于抓主要矛盾，切忌主次不清、眉毛胡子一把抓。海尔集团首席执行官张瑞敏曾经说过："首先，作为企业的领导要有善于把握大局的能力。在眼前一大堆事情里，你能不能找出一个最关键的问题来，找出制约发展的根本问题来；在解决这个问题时，会不会对其他问题产生影响。这种很快抓住主要矛盾的能力，是企业领导必须具备的。"能够及时地解决问题的关键所在，才能使自己的计划一步步顺利实现。

最后的底牌才是决定输赢的关键

能成大事的人往往懂得见时机而行事，在自己力量尚无法达到自己追求的目标时，为防止别人干扰、阻挠、破坏自己的行动计划，故意制造假象，让别人看不透自己的底牌而始终心存忌惮。底牌之所以叫底牌，是因为它具有极大的隐蔽性和极强的实效性，它往往攻其不备而出奇制胜，取得事半功倍的结果。要使自己立于不败之地，就要适应外界的变化，灵活地掩藏自己，观察时机，关键时刻再出手以赢得胜利。

康熙是清朝的第四位皇帝，他在位共61年，是中国历史上在位时间最长的皇帝。康熙一朝，奠定了清朝兴盛的根基，开创了康乾盛世的大好局面，康熙本人也被后世尊为“千古一帝”。

康熙之强并不是一开始就是如此，这里面也有一个由弱至强的演变过程。当年顺治帝驾崩，康熙即位时年方7岁，朝政由四个顾命大臣鳌拜、索尼、苏克萨哈、遏必隆四人把持，其中鳌拜自持军功，行事飞扬跋扈，完全不把少年皇帝放在眼里。

当康熙年满14岁时，按规矩可以亲理朝政，但是鳌拜却一点还政的意思也没有。康熙自幼雄才大略，自然不愿一直当傀儡。于是，他开始暗中增强自己的实力，筹划这一切。他知道鳌拜在朝廷树大根深，如果不能一举将其拿下，很可能会激化矛盾，产生大乱子。为了麻痹鳌拜，康熙表面上一再容忍鳌拜，有时甚至装出畏惧鳌拜的样子，他还一再给鳌拜一家加官晋爵，连鳌拜的儿子也当上了太子少师。鳌拜经常称病在家，不上朝，康熙也听之任之，从来没有异议。

康熙的策略，是外松而内紧，他按照满清皇朝的规定，在满族权贵人家中间，选了一批身强力壮的子弟充当自己的贴身警卫。这些半大的孩子，跟皇帝年龄相仿，平日里天天在一起练习摔跤。有时候鳌拜进宫办事，他们也在一起玩闹，鳌拜眼见这少年皇帝如此顽劣，心里暗暗高兴，自然就放松了警惕。

康熙的童子军终于训练好了，他见时机已然成熟，就暗中安排下一条计策。一天，鳌拜进宫汇报政事，他依然像往日一般，大摇大摆，一副旁若无人的样子。来到皇帝的住处，就见平日那些孩子又在练习摔跤，一个个吃奶的劲儿都使上了，功夫却依然粗疏得很，素有“满洲第一勇士”之称的鳌拜对此一脸不屑。

不料那群孩子突然冲上前来，抱腰的抱腰，拧胳膊的拧胳膊，还有两个孩子紧紧地揪住他的辫子不放。初时，鳌拜还以为小皇帝跟自己闹着玩，等到一群孩子把他扳倒在地，他才觉得不大对头。这时他再要挣扎，已经迟了。鳌拜一下子被捆了个结结实实。

康熙将鳌拜打入大狱，在朝中公布了鳌拜十大罪状，让其彻底不能翻身。另外，他又不动声色地起用曾经被鳌拜打压的大臣，消解鳌拜在朝中的势力。曾经不可一世的鳌拜，就这样被少年皇帝康熙清理掉了。

康熙正是因为隐藏了自己的真正实力，麻痹了对手，才一举抓获强敌鳌拜，获得最终的胜利。

为人处世非有城府不足以立世，含蓄来自自我控制的转化之功。能够像冰山一样只露出一角，让人摸不透你的心思，你会自保无虞，而且具有强大的威慑力。要做之事莫讲出，说出的话莫照做，让人无法透视你的深浅，此为在社会上屹立不倒之法宝。正如兵书上所说的那样，自己在明处，对手在暗处，此为大忌也。相反，尽可能地忍让、克制自己的欲望和冲动，便可以起到后发制人的作用，可以在知己知彼的情况下，获得竞争中的主动权。

底牌的另一种作用，是不管前面的牌局如何变化，最后一道防线或者说最后的根本所在，要牢牢地把握在自己手里。

三国时期，魏主曹操和蜀主刘备的天下，都是自己亲手打下来的。打天下要用人，如何利用人才和控制人才，他们都有自己独到的功夫。

曹操一向以多疑著称，其实多疑只是曹操的一个侧面，真正面临抉择时，曹操绝非疑神疑鬼、草木皆兵的人。张郃与高览本是袁绍部将，官渡之战中，二人被袁绍的谋士郭图谗言陷害，袁绍怀疑二人有降曹之意，便派使者召二人回大营问罪。张郃与高览被逼无奈，索性拔剑杀了来使，真的带领本部人马投奔曹操去了。降将总难免受人怀疑，是真降还是诈降，曹营中人意见不一。此时，曹操发话，一言定乾坤，他表示："哪怕其怀有异志，我以诚意待之，时间久了，自然和我一心。"然后他吩咐大开营门，迎接二人归顺，封张郃为偏将军、都亭侯，高览为偏将军、东莱侯。二人大喜，到此时忐忑不安的心才放了下来。后来张郃在曹操帐下屡立功勋，于曹魏建立后加封为征西车骑将军。

刘备这边，也发生过类似的事件。当年刘备打下樊城后，收了个干儿子刘封。手下人担心刘备已经有亲生儿子，现在又收一个螟蛉义子，日后可能因弟兄争位引起祸乱。对此刘备却并不以为意，他说："我待之如子，他必事我如父，何乱之有！"义无反顾地认下刘封。

这些枭雄人物在用人处世时自有一套自己的理论，那就是不论你出身微末还是来自敌对阵营，只要来投效，我就欢迎。如果日后反水，我自有法子治你。大原则既定，临事才不会翻来覆去、瞻前顾后，让身边人一个个都无所适从。

聪明人如果想得到别人的尊敬，就不应该让别人看出他有多大的智慧和勇气。让别人知道你，但不要让他们了解你；没有人看得出你天才的极限，也就没有人感到失望。让别人猜测你甚至怀疑你的才能，要比显示自己的才能更能获得崇拜。平常小事可以适当放松，只要把握最后的控制权就不会无故翻船。

人生是分阶段的，奔跑中别忘了总结和盘点

我们的思维是没有时空限制的，“纵横八万里，上下五千年”，尽情遨游，但是在很多时候，我们却偏偏忽略了对于自身的审视和思考。人生每一段旅程应该有不同的经营方向和重心。自知者为明，内心明，才能照亮你前面的路。

心定了，就不会再取舍不定

人的一生中，总要面对各种选择。很多时候，还必须对遇到的多种可能做出单项选择。大到选择自己的人生伴侣、规划自己的人生路线，小到假期旅游去哪里玩，面对琳琅满目的商品如何挑选。当遇到多个选项，鱼和熊掌又不可兼得的时候，你有能力和魄力做出明智、正确的抉择吗?

人的精力是有限的，我们只有懂得舍弃，做最适合自己的事，才能身轻如燕地前行。其实，我们在生活中，经常会面临很多选择，而有选择，自然就会有放弃。对此，我们始终要记住的一点是，这个世界的每一个角落里，都长满了诱惑。各种各样的诱惑像空气一样，无所不在，无孔不入。我们只有始终告诫自己别贪婪，才能找到自己的位置，才不会迷失自己。有这样一个小故事:

从前有一个贫苦的小女孩，除夕之夜，她因为没有过年的新衣而在灶房里偷偷地哭泣。

一个仙子从天而降，她一挥手，一件件美丽衣裙凌空悬挂在小女孩面前，她一伸手就可以够到。仙子温柔地告诉她：“你可以挑一件自己最喜欢的穿上，以后它就是你的了。”一阵轻风，仙子隐去了身形。

小女孩擦了擦眼睛，望着这些五颜六色的衣裙不知道选哪一件才好。心里想的，都是明天穿上新衣后，在小伙伴们面前美丽又骄傲的样子。她喜欢最亮丽的红色，又觉得那娇嫩的粉色才好看，还有那明艳的黄、神秘的紫，简直是眼花缭乱。她摸摸这件，又把手伸向那件，总是觉得自己没有选到的另一件更好看。天慢慢要亮了，小女孩还是没有选定她的衣裳。她闭上眼睛，准备胡乱抓一件，一伸手却扑了个空，再睁眼时，面前的衣裙已经全部消失不见。

人生在世，我们面临的抉择实在太多。而有选择，自然就会有放弃。如果你什么都想要，那么，最终你很有可能什么也得不到。这就像猎人追赶兔子时，如果同时出现两只兔子必定要舍弃其中一只，而专心瞄准另外一只，如果他两只都想捕获，在两只兔子之间来回折腾，结果必当是白费力气，一无所获。其实，在人生目标的选择上，何尝不是如此呢？

的确，很多时候，我们遇到的选项都是非常具有诱惑力的，但却不能同时拥有。在鱼与熊掌的选择中，我们往往会斤斤计较、患得患失、优柔寡断。但必须明白的是，你必须学会抉择、学会舍得。

在生活中，我们总是倾向于跟随大多数人的想法或态度，以证明自己并不孤立。我们有时候觉得活得很别扭、很不痛快，很大程度上是因为过于从众。例如为了赶潮流而买了一双鞋子，虽然穿着不舒服，脚被硌得生疼，但还是硬撑着，因为大家都在穿。其实生活不是为了活给别人看，而是为了活出真实的自己。鞋子的款式不重要，关键是舒适与否。我们不要为了时尚而让脚受委屈，更不要为了某些虚荣的名利，而把宝贵的年华和快乐舍弃。

其实有的时候，我们真的是过于注重别人的看法和眼光，没有从内心肯定自己，没有踏踏实实地从内心修好自己，而是将心思放在外面了。没有了自我，一切的快乐都是虚伪的假象。即使人家批评你、否定你、攻击你，也不代表你的自我受到否定，唯一能否定你的人，只有你自己。喜欢评头论足的人很多，你随时可能遇到讥笑和嘲讽，不要让它左右你，该干的就干，而且力争干得最好。

生活的辩证法就是如此。我们知道，有得就有失，有失也有得，得与失是矛盾的统一体。例如，要成功就必须放弃享乐；选择家庭的同时就得放弃单身生活的很多自由空间；选择内心平静的同时就得放弃对权力和金钱的角逐。可能你会认为，摆在眼前的都是我想要的，舍弃任何一个，都会让我痛苦。但你必须明白的是：只有果断地放弃其中之一，才会得到、拥有其中之一。只有做出选择，才不至于什么都得不到。选择是一门看似简单却十分有讲究的艺术。人的一生，就是一个不断进行选择的过程。选择的正误和效率，是一个人价值取向、思想水平、道德意识和判断能力的综合反映。在面临选择时，我们必须清醒地知道，我们需要什么，哪些才是对自己最重要的，哪些才是最适合自己的。

不能突破自己，你就走不出人生的“迷茫期”

有研究认为，人类的智慧可以分成七项，其中一项是“内省智能”，是指有自知之明。“内省”就是向内在世界学习，也就是说，懂得欣赏自己，从学习爱自己中培养自尊，从欣赏别人中学习尊重，从社会历练中认识自己的价值，也是一种美好的品格，这就叫“进退有度”。

在生活中，有很多人并不是不想获得成功，但是他们对成功的认识却十分模糊，不知道该怎样去选择和追求，在行动上也显得十分轻率和盲目，最终搞得自己不仅没有做成大事，还感到非常的疲惫和痛苦。只有那些了解自己、有明确奋斗方向的人才能笑傲人生，取得非凡的成就。

小罗今年刚刚满30岁，人言三十而立，她却感觉自己现在的生活糟糕透了。刚开始结婚那几年，她是幸福的。丈夫事业有成，孩子聪明可爱，小罗没有出去工作，就在家相夫教子，她觉得能守着他们过一辈子，自己也会很开心。可是好景不长，丈夫就好像变了一个人似的，他每天不是借口单位加班，就是说下班后有应酬，回家的时间越来越晚。就是他在家时，也只是偶尔逗逗孩子，和妻子也没几句话。

一天，小罗的一个好友到家里来玩，小罗对她诉说心里的烦恼，埋怨自己嫁错了人。好友提醒她说：“你总说老公忙工作不理人，其实现在这个时代，谁不是每天忙得脚打后脑勺。我看你是闲得太久了，和社会脱节。如果你自己有想法、有能力，为什么不干脆自己创业或者找份工作做呢？”这番话点醒了小罗，她仔细想一想，觉得好友的话十分在理，于是她开始留意身边的各种机会。

不久，她发现小区附近有家婴幼儿用品店转让，她就动了心思。现在孩子上幼儿园了，自己也应该做点自己的事。一开始丈夫并不同意，他认为小罗缺乏经营经验，而且开店事情太繁杂，怕她应付不了。但小罗坚持接了下来，她对婴幼儿用品很了解，再加上她性格又随和亲切，很快便和那些妈妈顾客交上朋友。虽然经营经验差了些，但慢慢摸索着做下来，也把小店打理得井井有条。

尤其让她感到高兴的是，因为她打开了人生的新局面，也让丈夫对她刮目相看。对于开店如何与相关职能部门打交道的事儿，丈夫还根据自己的社会经验，给了小罗许多有用的意见。如今的他们，在生活中能够互相交流自己的想法和意见，感情也比从前更加融洽了。

在生活中，一些人陷入痛苦和迷茫的原因，很大程度上不在于自己努力与否，而在于是否确定了正确的目标和方向。如果能够树立正确清晰的目标，那么就能够知道自己应该往哪个方向努力，就有了应对的方法，心中对自己的未来也会愈加明朗。相反，如果连目标都没有确定，东一斧子，西一榔头，自己肯定就会如坠云雾里，辨不清方向，空有一身力气，却都像打在棉花上，起不到丝毫的效果。更有甚者，越是努力，却往往越是背道而驰，和自己的目标越行越远。这种状况下，我们需要的是理顺思路寻求突破。

对于如何经营自己的优势人生，一位经济学家曾经引用三个经济原则做了贴切的比喻。第一个原则是利益原则，正如一个国家选择经济发展策略一样，每个人应该选择自己最擅长的工作，做自己专长的事，才会胜任。第二个原则是“机会成本”原则。一旦自己做了选择之后，就得放弃其他的选择，两者之间的取舍就反映出这一工作的机会成本，于是你必须全力以赴，增加对工作的认真度。第三个是“效率原则”。工作的成果不在于你工作时间的多少，而是在于成效的多少，附加值有多高，如此，自己的努力才不会白费，才能得到适当的报酬和鼓舞。

在这三个原则下，我们应该努力根据自己的特长来设计自己，量力而行。根据自己的条件、才能、素质、兴趣等，确定进攻方向。你可以给自己做一个详细的描绘，并把你的这些优点逐条写在纸上。给自己做一份自我推荐信，然后，与自己面对面地谈话，排除其他杂念，一心一意想着你就是推荐信里写的那个人，你的身上有许多别人不具备的优点。以此作为个人深层次挖掘的动力之源和魅力闪光点，形成职业设计的有力支撑。

我们前进的道路上出现问题并不可怕，尽管它会给你带来失望、烦恼，甚至是痛苦，但是，它却像一块磨刀石，会磨砺你的意志、增强你的能力，最终使你成为一个能够坦然面对困难，并成就大业的勇者。

杜绝弯路，就要正确评估自己

有人说我们认识世界容易，认清自己却很难。的确是这样，我们对丁自己的估量，往往会因为立场的原因失于客观。为了不让自己在纷繁复杂的社会中迷失自我，有两大原则必须引起注意，第一是知道自己的位置在哪里，自己的分量有多少；第二是明白自己身上最重要的资产是什么，在自己的重点资产上重点投入。

在日常生活中，我们经常看到一些非常看重自己的人，他们总以为自己很了不起，高高在上，盛气凌人；总以为别人什么都不行，只有自己最行。于是，稍不如意，便牢骚满腹，怨天尤人。说穿了，这是太看重自己导致的心理失衡。

我们所有的成绩，我们所看重的那个自己，对于别人，可能是珠宝，也可能是没有丝毫价值的尘埃。我们越是期望别人眼里的自己会光芒四射，也许我们看到的，就越会是失望和无奈。因此，只有低下我们高傲的头，我们才有可能认清那个最真实的自己。

张宣毕业于北方一所著名的工科大学，学的是电气自动化专业。找工作的时候，他没费什么劲儿，就应聘到一家国有大型企业做技术员，试用期半年。在业务方面，张宣的表现很优秀，也受到领导的好评。但是张宣虽然人进了工厂，身上的书生意气却一点儿没有收敛。单位里从生产管理到各级领导的工作作风，他都有看不惯的地方。刚入职三个月，他就给总经理写了洋洋万言的意见书，他一一列举了现存的问题与弊端，并提出了周详的改进意见。满以为上层领导会看中他的才华并加以重用，不料实习期一过，张宣却被委婉地劝退了。他的建议，自然也没有被采纳。

原来，单位领导和同事对张宣的能力没有任何疑义，但是对于他的综合表现却不甚满意。锋芒太盛，不注意处理人际关系，对于前辈、同事也不够尊重，这些都是张宣的致命伤。这并非是领导没有容人之量，事实上，像张宣这样的人，虽然头脑还算聪明，思路却不太清楚。他一个刚入职的技术员，却有意无意把自己放在“监察者”的位置上，这样在以后的工作中是很难融入团队的，有再多的聪明才智，也无法发挥出来。而且他所指出的种种弊端，只看局部，不见全局，管理的艺术，他其实连门儿都没有摸到。

法国著名画家安格尔曾说过这么一句话：“我在日常生活中严守着一个美好的准则：‘贵在自知之明’，我是素以此来鞭策自己的。”智者做人总能正确认识自己的才能，并以自己的才能为基础，懂得“力所不及”和“过及”的辩证法则。真正认识自己并不是件容易的事，有人活了一辈子都不能认识自己。对别人认识得很清楚，把握得很准确，而对自己却不认识，也不能准确把握。也有人感叹自己不了解别人，却完全了解自己。这都是不能正确认识自己的表现。

要想做一番事业，获得成功，你就应该对自己有清晰的认识，知道自己的分量，给自己定好位，正确估量自己。我们当然要听取多方面意见，但更重要的，是对自己有一种冷静客观的认识。

吴芸芸上高二的时候，要分文科理科。那时，她的文理科成绩都不错，但是她对文科更有兴趣，所以分班的时候，吴芸芸填了读文科的申请表。可是从家长到班主任老师，都希望她留在理科班。他们劝吴芸芸说读理科高考时可以选择的学校更多，而且也可以报考文科专业。于是，吴芸芸转报了理科班。

这两年的高中生活，吴芸芸过得很不轻松，这不仅仅是因为功课的繁重，其中还有和心爱的文学、历史失之交臂的痛苦。每次看到文科班的征文比赛等活动，她心里总是一阵阵失落。高考的时候，吴芸芸发挥不错，分数上了一本线。填报高考志愿时，她发现其实理科生能考的文科专业非常有限，远远没有读文科考文科专业容易。就这样，吴芸芸又一次在家长的劝说下，选择了文理兼收的会计专业。在大学里，她虽然参加了学校的广播站和校报的记者工作，可还是感到很遗憾，没能学习自己所热爱的专业。

后来，报考研究生的时候，吴芸芸毫不犹豫地填报了文科专业。从理跨到文，中间她付出了许多时间和精力，比那些本科就学文科的人困难许多。读研究生的时候，她为了补偿自己大学四年没学文科的遗憾，付出了很大的努力。

人生最宝贵的就是时光，时光丢失了就是永远地丢失了，再也找不回来。为了不让这种对生命的浪费发生在自己身上，选择之初，我们就要对自己的优势和劣势有个准确的认识，经营好你现有的资产。

如果你现在正在选择之中，那么不管是不是有迫切的需要，都请尽量抽出时间到职业交流中心看看，收集相关信息和资料，同时多与朋友联系，多关心了解社会资讯，才能找到不盲目、适情适性的最佳目标。

对已经工作的人来说，最忌讳的事便是得过且过，现今的社会是竞争的时代，若你不进取学习就会退步。如果目前的工作并非你兴趣所在，也不能发挥你的特长，但自己又暂时离不开工作，就更应该向前看，不妨考虑到相近的工作领域中发挥你的聪明才智。下班后多多学习，以储备更多的专业知识和技能，当新的机会来临时，便能轻松地把握。

跌倒了要爬起来，更要知道下一步该怎么走

如果一个人走在路上，突遇狂风暴雨，根本没做任何准备，电闪雷鸣，真的是太可怕了。然而这些都是生命的常态，人生最可怕的是醒来后，不是无路可走，而是根本就不知道自己要走一条什么样的路，不清楚自己想要什么样的生活，不明白自己的追求究竟是什么，一个处于混沌状态、茫然无措的人才是最

可怕的。

小汪参加工作已经有5年了，按理说在事业上应该已经进入稳定期，但他却总是找不到状态。刚毕业那两年，在班级群里大家还聊得挺热火，谁升职了、谁成功创业了、谁加薪了，都会收到同学们半调侃半认真的美好祝愿。小汪在公司却不那么如意，当初的锐气早已在琐碎的事情中被消磨殆尽，他和领导同事的关系也不好，虽然没有什么大的冲突，但总感觉自己在单位可有可无，根本不被人重视。

这一段时间，他被郁闷和迷茫纠缠着，不知道自己究竟要做什么。家里有个亲戚做微商卖保健品做得挺红火，又极力劝说小汪跟着做，打包票说3年之内让他实现财务自由，再也不必做那份不死不活的工作。小汪动心了，这几年他也没存下什么钱，就向父母借钱进了些货。不料等自己做起来才知道，这一行没有那么简单。先前身边的人碍于面子会多少买点他推销的东西，人情牌打完就束手无策了，那些货都压在了手里。

本来就找不到方向的小汪更迷茫了，他下意识里也知道自己应该干点什么，做兼职赚钱、考热门的证书、重新拣起考公务员的资料复习考试，这些对小汪都很有吸引力，但却每一样都浅尝辄止，不了了之。再加上在单位依然不如意，回到家里父母又总是唠唠叨叨逼婚，小汪觉得自己头都大了。

追求自己想要的生活，这是每个人的权利，也是义务，只有自己才能真正地对自己的人生负责。一个人究竟要过怎样的生活，想拥有什么样的人生，只有自己最清楚，没有任何人能够告诉你，别人的人生也不是随便就可以复制来的。但是，很多时候，我们知道自己不想要的是什么，但就是不知道自己想要的是什么。这是一件多么可怕的事情啊！就好像你在黑夜中拿着火把照亮，却不知道该往哪里前行，等到火光熄了或者已经燃到就差烧掉自己手指头的时候，还不清楚自己的脚步该迈往何方、该怎么走，这对于人生、对于生命是多么大的浪费和打击。

从现在起，扪心自问：我想要的是什么？这不是说马上让你立大志、成大业，而是把一切落到实处，从不再虚度时光开始。一位成功的商人说："多年来，我一直在一本记事本上记下当天所有的约会，每个周末的晚上，我会抽出一部分时间来自我反省，重新回顾和检讨我这一周以来的工作。我打开记事本，回想从星期一早上开始这段时间里所有的日程安排，我会问自己'那一次我犯了什么样的错误？''哪些事情是我做得对的，怎样才能改进我的做法？''我能从那个经验里学到些什么？'自我反省不是一件快乐的事，但是时间一年年地过去，发生这些错误的机会就越来越少。而这种自我分析的方法延续了一年又一年。这是我曾经做过的事情中最有益处的。”

在人生的旅途上，我们不仅需要信心、激情和坚忍不拔的精神，还需要理智地去分析失败的原因。跌倒了不要急着爬起来，要辨别一下方向，再看看是什么东西绊住了自己。只有找到摔倒的原因，努力从挫折中吸取经验教训，继续学习，不断提高自身的修养，从而增添自己应对困难的自信砝码，才能不再重蹈覆辙，避免更大的损失，从而更好地前进。

生活中，我们周围的每个人都是一个单独的个体，人与人虽然没有优劣之分，但却有很大的不同。这世界上的路有千万条，但最难找的就是适合自己走的那条路。每个人都应根据自己的特长来设计自己且量力而行，根据环境与条件，努力寻找有利条件；不能坐等机会，要自己创造机会；拿出成果来，获得社会的承认，事情就会好办一些。每个人都应该尽力找到自己的最佳位置，找准属于自己的人生跑道。

在快乐与发展之间找到平衡

一个人在这个世界上，最重要的不是认清他人，而是先看清自己，了解自己的优点与缺点、长处与不足等。搞清楚这一点，就是充分认识到自己的优势与劣势，容易在实践中发挥比较优势。否则，你就无法发现自己的不足，就会使你沿着一条错误的道路越走越远，而你的长处，却被你搁浅，你的能力与优势也就受到限制，甚至使自己的劣势更加劣势，使自己处于不利的地位。所以，从某种意义上说，是否认清自己的优势，是一个人能否取得成功的关键。

虽然说现代社会已经进入知识经济时代，但同时它也是一个多元化发展的社会，每一个肯努力的人，大门都不会对他关闭。比起那些名校出身高起点的人，也许你的学历毫无闪光处，不知道自己靠什么和他人竞争。是的，比学历、比专业你可能要逊色一些，但是换个思路来想，我们为什么一定要拿自己的弱项比别人的长项？他学历高，你头脑灵活；他敏锐，你勤勉；他看得远，你做得细。在每个城市都有一批来自边远地区没有受过多少正规教育的小老板，他们的成功，就是以弱胜强的样本。成功的路有很多条，别人能走得通的，不一定也适合你。反之亦然，如果说你并不具备人们所要求的种种条件，但也不可判定你不能另辟蹊径，走出一条自己的路来。

现实生活中的人们，每天都要为生活奔波，每天都要面临紧张的工作，还需要处理复杂的人际关系，于是，你开始抱怨生活、抱怨上司、抱怨同事、抱怨薪水低、抱怨工作任务重等。不知道从什么时候起，抱怨已经演变成一场瘟疫。被抱怨包围着的人们，似乎从来没有顺心过，似乎再也遇不到高兴的事。高兴的事情他抛在脑后，不顺心的事情总挂在嘴上。因为抱怨，他们不仅把自己搞得很烦躁，也把别人搞得很不安。而实际上，抱怨对于事情的解决毫无益处，它只会让我们在忙碌中兜圈子，相反，如果我们能心平气和地正视问题，厘清自己的思绪，那么，找到解决问题的方法的概率便会大大提高。

“一个人需要思考的，不是自己应该得到什么，而是自己是什么。”我们应正确认识自己，既看到自己的长处，也认识到自己的不足。借助反馈信息做出自我调节，为自己正确定位，这样才能自信地去迎接机遇和挑战，为自己创造更多的成功和欢乐。

立刻行动吧！制订目标，把目标具体化，具体成你每天要做到的一些任务，而且这些任务是可以完成的，根据客观条件和主观努力你是能够实现的，这样你的计划就能够帮助你实现自己的目标。

客观地认识自己，知道自己的长处，找到自己的发展方向，走一条属于自己的路，这对于你未来的发展，有着事半功倍的效果。只有选准了自己的人生坐标，才能绘出美好的生活图景。

随时清空自己，胸怀决定头脑的灵敏程度

如果一个人的心灵被自卑、忧虑、烦躁、悔恨所充塞，那么他的头脑中是产生不了好方法、好创意的。我们要学会为自己建立一个强大的心灵屏障，学会从淡定的生活态度中获取能量，拨开眼前的迷雾，处理好各种现实问题。

如果你满脑子焦虑，它就容不下别的

在高压力、快节奏的社会生活中，人们很容易产生各种担忧：要是我失业了怎么办？家庭婚姻出现问题怎么办？患了不好医治的疾病怎么办？令人焦虑的问题实在太多了，如果一个人一直被这些负面的想法所纠缠，外面的阳光就很难照射进来。

我们的头脑就好像是一个记忆仓库，在我们成长的过程中，所有好的或者坏的、消极的或者积极的片段都会慢慢堆积起来，被潜意识所接受，而这些因素都会影响我们的人生态度。所以，我们只有学会调节自己的思想认识，才能获得心灵的安宁。

好心情是生活的甜味剂，它能激活你的大脑，让你的思维更灵敏。然而，我们似乎总是听到这样的声音："我烦死了""气死我了""这个人真讨厌"等。也可以看到一些人虽一言不发，但神情忧郁、精神恍惚。事实上，这都是心不静的表现。其实我们每个人都或多或少遇到过一些挫折。对此，一般人都能自觉地调整心态，较好地适应社会。但也有少数人在遇到重大挫折时一蹶不振，严重的甚至不能正常工作学习，给自己和周围的人带来很多麻烦。

高小军高中三年基本是在游戏中度过的，直到临近高考了才醒悟过来，靠小聪明突击了三个月，最后考上一所高收费的民办本科。

他学的是车辆工程专业，相对而言这个专业就业还是挺好的。大学毕业后，高小军应聘到一家大型汽车企业做售后。平心而论，这份工作待遇不错，也能学到东西，好好干下去还是有前途的。但高小军从工作的第一天开始，就对自己的工作充满了不满，他开始抱怨："售后这工作又受气又受累，简直把我当修理工用""一点儿技术含量都没有，干好干坏都是那样""要不是考试中出了点失误，我但凡能上个稍微像样的大学，也不至于到这般地步了"。

每天，高小军都在煎熬和痛苦中过日子，但他又害怕失去手上的工作，而别的工作也不好找，所以始终没有下定辞职的决心。于是他就抱着敷衍的态度，工作能应付就应付一下。

几年过去了，高小军的同学有的升职了，有的成了业务骨干，有几个考研成功的同学还进了研究院搞设计工作。只有高小军，仍旧在抱怨声中做他不甚合格的售后工作。

不难发现，认为自己可以获得更多，总是苛求生活，是导致人们不快乐的主要原因之一，他们总要按照一个不切实际的计划生活，总是跟自己过不去，总认为自己时机未到，所以整天都闷闷不乐。

其实，在这个方面人们应该像新生婴儿学习，虽然他们每天都无所事事，除了吃喝拉撒睡，就是牙牙学语，但是他们丝毫不会觉得枯燥，更不会着急、焦虑。究其原因，是因为婴儿的心灵非常纯净，就像一张白纸，他们所有的注意力都集中于身体的成长。那么，怎样才能使自己更加专注、淡定呢？首先要学会放空，让自己专注于身心。那么，什么叫放空？假如把人们的大脑比喻成一个容器，那么，放空就是把这个容器中使你焦虑不安的事情都忘记，或者把那些使你紧张得夜不能寐的情绪统统释放出去，取而代之的是淡定、豁达。这时候的你，就是一个全新的你。

欧阳家境不错，大学毕业后，父母托关系为他在家乡的城市找了一份待遇优厚的稳定工作。但他认为这种工作太消磨志气，与自己的个性不符。说服了父母之后，他只身带着简单的行李南下，来到上海谋求发展。经过双向选择，欧阳进入一个规模不大但正在上升期的进出口公司工作。虽然每天工作繁重，但他总能从中找到自己的快乐，而且他很好学，遇到什么不懂的问题都会向前辈请教。在这里工作3年之后，他辞职和一个志同道合的合伙人成立了自己的公司。在他的努力经营下，小公司一天天发展，他成了业内颇有名气的老板。

在2008年全球性的金融危机中，欧阳的公司也遭遇了很大的冲击。各种不好的消息接二连三地传过来，合伙人和几个重要下属都聚集在欧阳的办公室，等着他拿主意，他镇定地说："越是这种时候我们越要稳住，危机过后就是时机！"他坐镇公司，有条不紊地处理各种事宜，员工看着平静的老板，本来慌张的情绪也放下来了。公司该接的任务还是照接不误，好像什么都没变，在风雨飘摇中终于稳住了舵。

我们始终要记住，人生在世，很多事我们控制不了，但我们可以选择自己的心态。如果用消极颓废、悲观沮丧的心态去对待，那么，好机会也会被看成不好的机会；以乐观、积极的心态面对，那么不好的机会也会成为好机会。烦恼的事在所难免，但只要我们保持内心平静，那么，无论外在世界怎么变幻莫测，我们都能坦然面对，做到不为情感左右，不为名利牵引，从而洞悉事物本质，把握事物的走向。

那些易焦虑的人，通常都不够自信，他们多半会看低自己的能力而夸大事情的难度，而一旦遇到挫折，焦虑情绪会使他们的自卑心理更为明显。因此，如果我们发现自己有这些弱点，就应该引起重视并努力加以纠正，绝不能存有依赖性，等待他人的帮助。有了自信心就不害怕失败，如果十次之中成功了一次，就会增添一份自信，焦虑也退却了一步。“能解决的事不必去担心，不能解决的事担心也没用。”这样一想，你会发现，在最坏的情况面前，也没什么可忧虑的，那么，你也就能积极面对所遭遇的一切波折。

斤斤计较，是对心智最大的浪费

大凡可以称为智者的人，必有宽和之心、包容之量。对人要宽和，因为“金无足赤，人无完人”。只有看到别人的长处，容纳他人的缺点，善于“装糊涂”，才能使人宽心、去疑，进而尽心竭力，遇事则不过分吹毛求疵，凡事皆留有回旋的余地，对微末枝节的小事能不计较的不妨一笑而过。

如果非要和别人较劲，那不是给自己找难受吗？知道该干什么和不该干什么；知道什么事情应该认真，什么事情可以不屑一顾。这种“糊涂”更是一种智慧，一种做人的睿智。

现实生活中，我们身边经常有这样一些人，好像天底下只有他最精明，别人都是些傻子，无论大事小事，都要事事计较，处处谋算，玩弄心机权术。结果，到头来聪明反被聪明误。还有一类人，表面看起来也是善于精打细算的，其实却是算小不算大，算来算去，不成事反而误事。

有心理研究证明，凡是对金钱利益太能算计的人，实际上都是很不幸的人，甚至是多病和短命的。这些人感觉痛苦的时间和深度比不善于算计的人多了许多倍，他们把宝贵的大好时光，都荒废在狗苟蝇营的算计中。

太能算计的人，首先失去了生活的乐趣，一个常处在焦虑状态中的人，不但谈不上快乐，甚至是痛苦的。而且只以财富得失的角度看待任何事，热衷于计较蝇头小利的人，也不具备大富翁的潜质。他们心胸常被堵塞，每天只能生活在具体的事物中不能自拔，习惯看眼前而不顾长远。

小何大学毕业后回到家乡的县城发展，他在家人的支持下，租了一间商铺经营数码产品配件。刚来时，他发现这条街坑坑洼洼，到处是碎砖乱石。有一次他正要动手收拾它们，邻街的商家告诉他，这些石头有用，如今生意不好做，石头可以使经过的路人或车辆慢下来，人们走进店铺的概率就会增加，这样才能有商机。

小何对这种赚钱逻辑却不认同，他不听周围人的劝阻，坚决搬走路上的石头，并找人将路面修平。奇迹产生了，这条街车水马龙，呈现出一派繁华景象，人气一旺，两旁店铺的生意也兴旺起来。原来，以前这条街路不好走，人们经过一次后，下次能绕道就绕道了。没人气，哪里来的生意，商家想以“阻挡”的方式留住行人，结果却适得其反。现在路修好了，绕道的人自然便回来了，冷冷清清的街道就变热闹了。

做自家生意的时候，小何的策略也是顺势而为。虽然生意不大，小何却做得很用心，他的顾客大都是年轻人，一来二去，小何就和他们交上了朋友。他们有什么需要，小何本着薄利多销的原则给出的价格都很有诚意，就是在介绍产品的时候，他也是优点缺点都不回避，是顾客的最佳参谋。他的小店以热情实在出名，大家都很愿意光顾。

做生意顾客是吸引来的，不是通过算计强留下来的。有人目光短浅，算小不算大，他们只看到账面上金钱的得失，忽视了时间、效率和长远发展的问题，而这些恰恰就是成功的潜在因素。

小算盘打得再精，最后也无济于事，而算计者本人却会在这种无休止的盘算之中，头脑灰暗，身心疲惫，最终把你的人缘、健康、进取心和创造力全部搭进去。

一个人的命运不取决于上天的安排，而是来自他自身的人生格局。很多大人物之所以能够取得成功，是因为他们在自己还是一个小人物的时候就在规划自己的人生大格局。他们能够有一个开阔的心胸，没有因为环境的不利而妄自菲薄，更没有因为能力的不足而自暴自弃。他们在气势、性格和信念上就拥有了正常人所不能拥有的东西，能够用发展的、全局的、战略的眼光来看待生活和工作，相信通过自己的努力就一定能够获得成功。而那些格局小的人，往往会因为生活的不如意而怨天尤人，因为一点小的挫折就一筹莫展，看待问题的时候常常是一叶障目不见泰山，因此，也就不可避免地成为碌碌无为的人。

我们可以转身，但不必回头

在生活中，有很多人过得并不快乐，这其中有真实可见的压力，如贫穷、疾病、天灾人祸等，但是许多生活平静、衣食无忧的人也不快乐，这就是自己心理的原因了。已过去的懊恼、没满足的欲望使他们时时处于烦恼之中，一件事在心中掂量得越久，心情就越发的郁闷。

孔子曾经有言：“成事不说，遂事不谏，既往不咎。”这句话，用今天的话说就是“已经做过的事不用提了，已经完成的事不用再去劝阻了，已经过去的事也不必再追究了”。这就是智者对待人生的态度，正视现实，却不会把现实的包袱压在自己身上，随时都准备着面向前方，飘然而去。

对于这种患得患失的心态，21世纪的名言是“过去的就让它过去吧！”“不为打翻的牛奶而哭泣”，接受和决断，是我们获得快乐人生的必修课程。

有一位精神科医生，在他退休后，根据自己多年的临床经验撰写了一本医治心理疾病的专著。这是一本接近1000页的大部头，涉及精神病学的症状学、诊断学及治疗学。

有一次，这位医生受邀到一所大学演讲，在台前他拿出了这本厚厚的著作，说：“这本书是我毕生的积累，里面有对多种药物和治疗方法的介绍。但所有的内容，就只概括为四个字。”说完，他在黑板上写下了“假如，下次”。

医生说，造成人们精神负担的全是“假如”这两个字，“假如和我结婚的是梦中情人”“假如我当年能换一个工作”“假如我在房价还没升上来时就买房”。如此等，都属于一种特定的病症。而医治的药物，就是“下次”“下次有机会我就去进修”“下次我不会放弃所爱的人”……

追悔过去，只能失掉现在；失掉现在，哪有未来！要想成为一个快乐的成功的人，最重要的一点就是要记得随手关上身后的门，学会将过去的错误、失误通通忘记，不要沉湎于懊恼、后悔之中，一直往前看。时光一去不复返，每天都应该尽力做完当天该做的事，明天将是新的一天，应当重视重新开始。就像著名作家刘墉在一本书中所写的：“我们可以转身，但是不必回头，有一天，即使发现自己错了，也应该转身大步朝着对的方向去，而不是一直回头埋怨自己错了。”

有一家老造纸厂，因为近年来经济效益不好倒闭了，厂子里有大批工人失业。在这群失业工人里有一对姐妹，她们都40岁左右，姐姐是厂里的技术员，妹妹是一位车间工人。

姐姐下岗后，她的心里总觉得不平衡，她觉得自己兢兢业业工作这么多年，做事严谨无差错，实在不应该有这样的结果。她心里的挫败感渐渐转化为愤怒，又由愤怒变成抱怨。她整天都闷闷不乐地待在家里，不愿出门见人，更没想过自己应该重新做点什么。她本来就体弱多病，如今忧郁的心态又总是把自己的注意力集中到下岗这件事上，使她无法解脱。没过多久，她就患上抑郁症，还曾经有过一次自杀行为，幸亏被家人发现救了下来。

妹妹的心态却大不一样，她想别人既然没有工作能生活下去，自己也肯定能生活下去。她平心静气地接受了现实，开始做下一步打算。她们小区附近有一家养老院，她就去那儿打零工，虽然活儿很繁杂，但她靠自己的细心和耐心干得很不错。这时听说社区正招包片的居民小组长，她马上就去应聘了。这份工作很适合她，每天走街串巷，上传下达，包片里的居民家家户户都把她当朋友，社区领导对她的工作也很满意。一年之后，妹妹成了本社区招聘制的长期合同工。现在她正努力学习电脑知识，不让自己被这个日新月异的时代抛在后面。

造成自己心理障碍，影响一个人幸福的，有时并不是物质的贫乏或丰裕，而是一个人的心境。如果把自己的心浸泡在后悔和遗憾的旧事中，痛苦必然会占据你的整个心灵。不要慨叹你所失去的，请珍惜你所拥有的，这值得我们用一生去谨记。

一个人只有拥有了良好的心态，才能坦然地面对失去、承认失去，不要总沉湎于已经不存在的东西。得到和失去其实是相对的，为了得到，需要失去，因为失去一些，可能正在换取更大的获得，与其为了失去而懊恼，不如全力争取新的得到。人生是一次没有回程的旅行，不去奋斗、消极等待、哭哭啼啼、愁眉苦脸是一生；而积极奋进、乐观向上、充分实现自己的人生价值、愉快地度过每一天，也是一生。因此，我们要做一颗流星，既然来过，就要把那一束哪怕是微弱的光，留在夜空。

谁也不可能扫干净所有的落叶

苛求完美的人，永远不会对生活满意，也就永远过不上自己想要的生活。事物的本来面目就是这样：世事大多并不完美！“找一片最完美的树叶”，人们的初衷总是美好的，但是，如果不切实际地一味找下去，最终往往只会吃尽苦头。直到有一天你才会明白：为了寻求“一片最完美的树叶”，而失去许多机会是多么得不偿失。况且，人生中“最完美的树叶”又在哪里呢？童话故事中的完美在生活中是不存在的，我们可以追求生活中的美，但不能奢求完美，我们要善待自己，不要和自己过不去，用一颗平常心来对待生活、对待人生，我们就会拥有幸福的生活。

如果你不相信这一点，可以逐条对照一下你的生活中是否有类似的事情：这家距离远那家要加班，所以工作一直落实不了；处了个对象各方面都挺好，就是有个小毛病不能忍；搬了新家还没有布置好，所以从来没有请朋友到家里玩；有个项目前景看好，但准备工作还没有完备无法实施。你一直在等待所谓的条件完全具备，一直在等待完全符合心意的事物出现，可是，很快你会发现一些准备还不如你充足的人，都已做出不错的业绩或者赚了一大笔钱，而你还在烦恼之中不得解脱。

有智慧的人都知道，整齐划一的完美是不存在的，只要大局良好，一点儿小缺陷是可以容忍的。

有一位老清洁工，负责城市边缘一条马路的卫生工作。这是一条相对寂静的马路，路边生长着高大的杨树，风一吹哗哗作响。老清洁工很喜欢这里，也很喜欢自己的工作，但是他年纪大了要退休了，于是一位小清洁工便被派到这里来给他当徒弟。

现在正值秋季，清扫路上的落叶是他们的主要工作。扫落叶实在是一件苦差事，每一次起风时，树叶总是随风飘落，铺满了马路。小清洁工是个做事非常认真的孩子，他每天早上花费很多时间清扫马路，把马路扫得像冬天的冰河一样洁净。但是常常是他刚刚扫过，随后又有一些黄叶落下来，在干干净净的大道上，显得非常碍眼。于是小清洁工又重新清扫一遍。

他扫到自己负责的路段的尽头，刚想放下扫帚喘口气，回头一看傻眼了，路上还是有星星点点黄叶在风中翻卷，好像在嘲笑他一般。这时老清洁工走过来，拍拍他的肩膀说：“孩子，你已经尽职尽责地完成了你的工作！既然你无法阻止树叶飘下来，就要能容忍有零星的落叶存在。你看，我们清扫过的马路，各种垃圾杂物都没有了，那些刚刚落下的树叶，像不像落在路上的黄蝴蝶？”小清洁工笑了，这时候他再看到路上的落叶，就不那么紧张了。

人有时想得到的太多，而自己的能力很难达到，所以我们便感到失望与不满。其实，静下心来仔细想想，生活中的许多事情做得不够好，并不是你的能力不强、努力不够，而恰恰是一味追求尽善尽美的心态造成的。太多的欲望反而束缚了自己的手脚，使得本来简单的事情复杂化了，凭空给自己的人生增添许多不必要的烦恼。

其实不管我们做任何一件事，都一样会碰到这样的问题。例如，让一位完美主义者起草一份报告，他会在反复衡量几种、十几种不同的方案之后再动手。开始写的时候，他会发现他选择的方案依然不够完美，多多少少还存在着一些错误和缺点。于是，他把这个方案重新搁置起来，继续寻找他认为“绝对完美”的新方案。这种人总是不愿出现任何一点失误，所以他的一生都在寻找的烦恼中度过，结果依然一事无成。而现实主义者则不然，在聪明才智方面，他也许比不过前者，但他能制订出一套很实在，并且马上可以实施的方案。

努力做到最好和过于追求完美，两者有很大的差异。前者是一种可以达到的、令人满足和健康的工作状态。后者则是无法达到的、令人沮丧和神经质的状态，而且极度浪费时间。

知足者常乐，知足者能认识到无止境的欲望和痛苦，于是就干脆压抑一些无法实现的欲望，这样虽然看起来比较残忍，但却减少了更多的痛苦。在能实现的欲望之内，他拼命为之奋斗，一旦得到自己的所求，快乐便油然而生，每上一个台阶，快乐的程度也会进一个台阶。只有经常知足，在自我能达到的范围之内去要求自己，而不是刻意去勉强自己、强迫自己，做力所能及之事，享受力所能及之乐。

你不必活在别人的评价中

人是群居动物，每个人都无法脱离社会独自生活，因此，每个人都难免要与别人打交道。所以，人们总是在忙着处理自己和别人的事情，评价别人并且也被别人评价着。其实，很多时候，人们之所以感觉活得很累，就是因为总是在乎那些不相干的人对自己的评价。

小乔从小就属于“别人家的孩子”，从小学、中学、大学一路读到研究生，从来没有让父母操过心。毕业后参加工作，每天忙忙碌碌的生活让她过得非常充实。可是，忽然有一天，她发现差不多大的女孩子不是在热恋中，就是已经身为人母，而29岁的她依旧是一个人。这是一个尴尬的年龄，转眼间就是30岁的“高龄”，要变成一个老姑娘了。

父母还算开明，除了偶尔会劝她相亲，平时很少唠叨她。而身边同事朋友的态度，却让小乔很不开心。在得知小乔还没有男朋友时，有的人就会惊诧地说一句：“哎呀，可该找了，越拖越是没有合适的啊！”有一次，小乔到单位的行政部送表格，无意中听到两个大妈级的职员议论自己说：“她啊，到现在都没找男朋友，是不是心理有什么问题？”这类的话让小乔失去自信，一向优秀的她想到大家在背后以古怪的眼神、不屑的语调议论自己，就一阵阵烦躁痛苦，有时候竟然整夜睡不着觉。为此，她每天除了上下班之外，几乎很少外出，很少和朋友们聚会。

可是，恋爱婚姻这种事情是需要一定的缘分的。有人介绍对象，她也会试着去接触，可是没有一个有那种特别的感觉。婚姻问题成为她的一个大包袱，她的失眠状况也越来越严重。她总是无助地质问自己："这到底是怎么了，我这个人真的是不行吗？"现在的她痛苦不已，满脑子都是恋爱婚姻。下了班不敢回家，不敢见亲戚朋友，恨不得有个地洞钻进去。

其实在现代社会，大龄未婚的问题已经不那么严重，那么是什么原因让小乔这般痛苦呢？不是别的，正是她那颗敏感脆弱的心。生活中有一些人总是过于在乎别人对自己的看法，结果形成了心理上的障碍。神经过敏不但是快乐生活的敌人，也是自尊心的敌人。有许多人，愿望不能达到，好梦不能实现，就是因为他们不敢进入现实中去，他们那过敏的神经使得他们成为懦夫。所以要想加入这忙碌、复杂的世界，必须先把这种毛病给除去，否则你将终身陷入失败与不幸的境地。

我们如果一只眼睛注意着自己的工作生活，另一只眼睛还要注意别人的脸色，是活不出模样来的。成熟的人不会关注别人的脸色，而是专心干自己的事业。具体说来，你可以从下面几个方面调节自己的心情。

1.要对自己有个清晰的认识

请记住，唯一可以真实评价你的是你自己，认清自己就不会再摇摆不定。不管在做什么事情，都要对即将达到的效果有个清晰的认识，不要对自己有过高的期望，这样你就不会为了让自己和别人满意而背负过重的压力，否则你只能在哀怨中对自己失去信心。

2.试着给自己减轻压力

即使别人的评价对你产生了负面影响，也要让自己稳住心神。千万不要在外界压力之下，做出违背你心意的选择。这样，你不但不会快乐、开心，甚至还会把自己逼疯。你越消沉越对自己失望，你的压力就会越大。

3.转移注意力

你可以从现在起把你的时间排满，做一点别的事情来转移自己的注意力。打开你的生活圈子，做自己感兴趣的事情。这样你会觉得放松，把外界对你的不良影响减到最低。

人活于世，不管你是不是喜欢是不是欢迎，别人对你的说法都会存在。这些说法有的是有口无心的议论，有的是捕风捉影的猜测，很多时候，面对这些是是非非，你越在意对你的伤害就会越大。如果你一不小心成为众矢之的，记住，千万不要费劲唇舌为自己辩解，也不要在乎别人说了什么，你首先和唯一要做的就是做好自己的事情。作为一个人，必须相信自己、认可自己，只要自己觉得是问心无愧的，就要坚持做最好的自己。通常，假如不在意别人怎么评价你，甚至是恶意攻击你，那么，你的大度和宽容最终能够使人们认识真正的你，进而认可你、肯定你。

其实每一片乌云都镶着金边

角度不同，对问题的看法也就各有所异，有人积极，有人消极。消极思维者只看坏的一面，对事物总能找到消极的解释，最终他们也将得到消极的结果。而积极思维者却更愿意从好的方面考虑问题，并通过自己的努力，得到一个积极的结果。

西方有句谚语，“每一片乌云都镶着金边”。是的，乌云可以遮住太阳，但并不是说太阳就不存在了，在乌云的缝隙里阳光透射出来，即使乌云也有多彩的金边。不同的人对同一件事有不同的心情，不同的心情必然有不同的结果。

风雨中，一只蜘蛛从高大的围墙上被吹落在地。蜘蛛转了几圈，然后艰难地向墙上已经支离破碎的蜘蛛网爬去。风很大，墙很滑，它爬到一定的高度，就会掉下来，它一次次地向上爬，一次次地掉下来……第一个人看到这种情景，他叹了一口气，自言自语："我的一生就像这只蜘蛛一样，许多次努力都白费了。"于是，他更加消沉了。第二个人看到了，他说："这只蜘蛛真愚蠢，为什么不避开风，从侧面绕过去？"于是，他变得灵活起来。第三个人看到了，他立刻被蜘蛛屡败屡战的精神感动了，于是，他变得坚强起来。

在遭遇困厄的时候，首先要认识到正视现实是我们最好的选择，逃避现实只会使我们的境况变得更糟。当我们想要抱怨的时候，当我们想要唉声叹气的时候，当我们想要指责命运不公的时候，我们先给自己提个醒吧：无论如何，灾难已经发生，不管我们如何痛心疾首，它已是不可逆转的。面对眼前的困厄哭泣，只能使我们陷入更加悲惨的境地。在这个世界上，有许多人总是与成功失之交臂，根本原因就在于他们对境遇的好坏存在太强的依赖之心，一直不肯相信自己的力量，一旦遭受任何打击，他们就开始怀疑自己的能力和运气，轻而易举地缴械投降。我们要改变命运，这种心态首先要变。

你认为成功的可能性大，则大；你认为成功的可能性小，则小。艰辛的生活不是哪个人永远的重负，我们应该只把它当成一种过程，时刻都准备着从艰难之中穿越出去，享受战胜自己的喜悦。

日本歌手千昌夫，小时候家里很贫苦，小学三年级时父亲病故，母亲带着他们三兄弟勉强支撑生活。因为家里太穷无力支付电费，常常被停电。没办法，全家只好在需要的时候点上一根蜡烛照明。这种情景深深地印在千昌夫心底，餐桌上的蜡烛在很多人眼里都代表着浪漫，对千昌夫而言却是贫困艰辛的记忆。但是他没有被这种感觉淹没，反而促使他产生渴望成功的雄心。高中二年级的一天，他独自一人乘夜间列车离家，立志要在东京做一名歌手。后来他成为日本知名作曲家远藤实的入室弟子，历经磨难与痛苦，终于成为如今风靡全国的歌手。

千昌夫的人生几起几落，他曾经积极投资创业，取得骄人的成绩，被称为“歌唱的不动产王”。20世纪90年代日本泡沫经济爆破，千昌夫也因而宣告破产，转眼由“不动产王”变成“欠债王”。之后他重返歌坛，专心于演唱事业。这时他推出的新作，仍然是一些明朗抒情的歌曲，身上的压力从不带入其中，颇有些“此心安处是我乡”的意味。

最足以损害我们的能力、破坏我们前途的，无过于以不幸的环境为理由，而又不想去挣脱它。因为自己不能像成功的人一样生活，不能享受成功的人所得的幸福，所以处于困境中的人往往心灰意冷、不想奋斗。人的生活是好还是坏，全因人的思维方式而定，这是一条不变的法则。

正视现实并设法改善是一种非常好的习惯，我们要经常提醒自己去这样做。不论你遇到的是什么事，你都可以体验一下正视现实并设法改善会产生多么好的效果。这种体验是非常令人激动和兴奋的，你将感到一种无所畏惧的豪迈。反之，即使机会就在你面前，你怀疑和失望的情绪也会剥夺你的好运气。

在苦难、挫折、失败面前，我们不必怨天尤人、自怨自艾，而应该坚强一点，在坚强中锤炼自己的情操和心灵，淬炼自己的毅力和品质。你不妨把挫折当成一缕清风，让它从你耳边轻轻地吹过；把痛苦当成你眼中的一颗尘土，眨一眨眼，流一滴泪，就足以将它淹没掉；至于苦难，那也不过是人生的一个小插曲而已！

只要你心无挂碍，什么都看得开、放得下，你就会感谢生活。因为我们是如此平凡，却又如此幸运。生命的价值永远都不能简单地用世人所谓的得失成败来衡量，因为生命是否有意义，最关键在于个体的自身体验，“如鱼饮水，冷暖自知”，任何外在的标准都不能够妄加评判。无论是成是败，只要我们体验过了，本身就是一种成就。往事已矣，抬头看，向前走，路才会更宽。

参考文献

[1] 何钰地.你怎么才能想得通：拆掉思维的墙，和不开心的自己聊聊[M].北京：中国纺织出版社，2018.

[2] 李原.世界顶级思维大全[M].北京：中国华侨出版社，2018.

[3] 慰冰湖.别给想法设限：活出无限人生的思维法[M].北京：中国华侨出版社，2014.